E-Book inside.

Mit folgendem persönlichen Code können Sie die
E-Book-Ausgabe dieses Buches downloaden:

9r65p–6z8c4–01800–2w1jf

Registrieren Sie sich unter

www.hanser-fachbuch.de/ebookinside

und nutzen Sie das E-Book auf Ihrem Rechner*, Tablet-PC
und E-Book-Reader.

Der Download dieses Buches als E-Book unterliegt gesetzlichen Bestimmungen bzw.
steuerrechtlichen Regelungen, die Sie unter **www.hanser-fachbuch.de/ebookinside**
nachlesen können.

* Systemvoraussetzungen: Internet-Verbindung und Adobe® Reader®

Loitsch

Scrum Master 2.0

Alexander Loitsch

Scrum Master 2.0

Das nächste Level

Bibliografische Information der Deutschen Nationalbibliothek:

Die Deutsche Nationalbibliothek verzeichnet diese Publikation in der Deutschen Nationalbibliografie; detaillierte bibliografische Daten sind im Internet über http://dnb.d-nb.de abrufbar.

© 2021 Carl Hanser Verlag München, www.hanser-fachbuch.de
Lektorat: Brigitte Bauer-Schiewek
Copy editing: Petra Kienle, Fürstenfeldbruck
Umschlagdesign: Marc Müller-Bremer, www.rebranding.de, München
Umschlagrealisation: Max Kostopoulos
Titelmotiv: Max Kostopoulos, unter Verwendung von Grafiken von
© shutterstock.com/Belozersky und StockSmartStart
Gesamtherstellung: Eberl & Kœsel GmbH & Co. KG, Krugzell
Ausstattung patentrechtlich geschützt. Kösel FD 351, Patent-Nr. 0748702
Printed in Germany

Print-ISBN: 978-3-446-46875-7
E-Book-ISBN: 978-3-446-46876-4
E-Pub-ISBN: 978-3-446-46877-1

Inhalt

1 Einleitung

■ 1.1 Für wen dieses Buch geschrieben wurde

Dies ist kein Lehrbuch für das agile Framework Scrum. Davon gibt es schon genug, obwohl es schwer ist, gute Bücher zum Thema zu finden. Die Essenz der meisten Schriftwerke des Genres ist der aktuelle, englischsprachige Scrum Guide vom November 2020, welcher abzüglich Deckblatt und Inhaltsverzeichnis elf Seiten umfasst. Dieser ist kostenlos im Internet bei scrum.org in mehr als 30 Sprachen erhältlich (Abschnitt 13.3).

Dieses Buch ist für Scrum Master, die bemerkt haben, dass ihnen die Theorie des Scrum-Regelwerks alleine nicht weiterhilft. Wir arbeiten mit und für ein Team von Menschen, die ihre Schwächen, Stärken und Eigenheiten haben. Und da ist die Verwendung der Inhalte des oben erwähnten Dokuments nur ein kleiner Teil der tatsächlichen Arbeitsinhalte.

Genau hier setzt das Buch „Scrum Master 2.0" an: Nach den theoretischen Inhalten zu diesem agilen Framework, bei der Arbeit mit dem Team, bei der täglichen Gestaltung des Scrum-Master-Alltags, seinen Vorgehensweisen, seinen Tools, seinen Interventionen. Scrum Master 2.0 startet da, wo der Scrum Guide endet.

■ 1.2 Warum ich dieses Buch geschrieben habe

Nach 23 Jahren Berufserfahrung als freiberuflicher IT-Projektleiter in mittleren und großen Projekten bin ich 2010 regelrecht „agilisiert" worden. Ein befreundeter Programmierer nahm mich für ein paar Tage mit zu seinem Entwicklerteam. Dieses arbeitete nach der Scrum-Methode und so durfte ich miterleben, dass Agilität in einem selbstorganisierten Team wirklich funktionieren kann.

Ich besann mich auf meine Wurzeln als Psychologe, bildete mich fort, absolvierte die Scrum-Master- sowie eine systemische Coach-Ausbildung. Zusätzlich belegte ich diverse Weiterbildungen und Zertifizierungen. Nach meiner Zertifizierung als Scrum Master kannte ich das komplette agile Framework in- und auswendig. Ich bekam ein Team bei einem Kunden und freute mich darauf, es anzuleiten und mit den Teammitgliedern zu arbeiten. Aber ich versagte kläglich.

Laut Aussage meines Kunden war ich der lausigste Scrum Master, den die Firma je gesehen hatte. Ein Theoretiker ohnegleichen, aber unfähig, das Team zu unterstützen, die Scrum-Regeln effektiv und erfolgreich umzusetzen und eine entsprechende Weiterentwicklung zu begleiten. Warum war das nur so?

Die Inhalte, die wir in der Scrum-Master-Ausbildung lernen und die im offiziellen Scrum Guide nachzulesen sind, stellen lediglich Leitplanken dar, innerhalb derer sich das Scrum-Team selbstorganisiert entwickeln soll. Nicht mehr und nicht weniger.

Scrum Master sind nun mal keine Führungskräfte, die dem Team vorgeben, wie es zu arbeiten hat. Ihre Rolle ist die eines „Enablers". Das ist jemand, der mit Feingefühl erkennt, wo es Behinderungen (Impediments) gibt, die den Fortschritt der Gruppe zum „High Performance Team" verhindern oder zumindest erschweren. Und er ist auch die Person, welche diese Impediments durch entsprechende Aktivitäten (action points) aus dem Weg räumt beziehungsweise aus dem Weg räumen lässt.

Dazu ist der Scrum Master auch noch zuständig für den „Wohlfühlfaktor" seiner Kolleginnen und Kollegen. Je lieber diese zusammenarbeiten, desto effektiver, kreativer und entspannter werden die zu lösenden Aufgaben erledigt werden.

> **Ein gut gemeinter Rat**
>
> An dieser Stelle ein gut gemeinter Rat aus meiner jahrelangen Praxis. Auch wenn es seltsam klingen mag, so ist einer der allerwichtigsten Punkte, den es zu wissen gilt in Bezug auf mittlere und vor allem große Firmen:
>
> Du kommst als Scrum Master, der ein neues Team aufbauen soll, in vielen Fällen in eine scrumfeindliche Umgebung.

Natürlich möchte das Management eines Konzerns, dass alles agil werden soll – aus diesem Grund wurdest du ja eingestellt. Aber in der Regel ist den meisten Führungskräften zum aktuellen Zeitpunkt (2021) nicht bewusst, auf was sie sich da eigentlich einlassen. Denn Scrum ist eine Arbeitsform, die allem widerspricht, was die letzten 50 Jahre in Firmen an Zusammenarbeitsmodellen gelebt und umgesetzt wurde.

Die gegenseitige Abgrenzung ganzer Abteilungen soll jetzt plötzlich durch Agilität aufgeweicht oder ganz entfernt werden. Dies geschieht durch die Bildung von crossfunktionalen Teams. Verantwortungen und Entscheidungen werden, weg von der Führungsebene, auf die Mitarbeiter übertragen. Alles wird transparenter. Fehler können nicht mehr unter den Tisch gekehrt werden.

Hinzu kommt erschwerend eine seit Jahren in den Konzernen vorhandene starre, fest gelebte Prozesslandschaft. Wenn wir anfangen, agile Prozesse mit unseren Teams einzuführen, kollidieren diese spätestens dann, wenn sie mit den klassischen Prozessen aufeinandertreffen.

Hier ist nun der Ideenreichtum des Scrum Masters sowie seine Kreativität gefragt. Er sollte mit seinem Team Arbeitsprozesse definieren, durch welche die „alten" Arbeitsabläufe die

agile Arbeit möglichst wenig behindern und nicht wertvolle Zeit stehlen, die dann zur Errei-
chung der Sprint- und Teamziele fehlt. Viele der bestehenden klassischen Prozesse müssen
jedoch nach wie vor bedient werden und oft wird ein „Hybrid" zwischen klassischem und
agilem Vorgehen benötigt.

Ich habe dieses Buch geschrieben, um Hilfestellungen zu geben, wie die Scrum-Theorie
unter solchen erschwerenden Bedingungen in der Praxis ein- und umgesetzt werden kann.
Dabei behandle ich viele Wissens- und Praxisthemen, die so nicht in der Ausbildung zum
Scrum Master gelehrt werden, jedoch unabdingbar sind, um ein Team erfolgreich auf seinem Weg zum High-Performance-Team zu begleiten.

Komfortzone verlassen

Das Buch „Scrum Master 2.0" zu lesen und zu verstehen, reicht nicht aus,
um ein guter Scrum Master zu werden. Wir selber müssen uns zuerst verändern und weiterentwickeln, also aktiv etwas dafür tun. Erst dadurch
haben wir die Möglichkeit, auch andere Menschen bei ihrer Veränderung zu
unterstützen. Dazu sind wir gezwungen, unsere Komfortzone zu verlassen,
und das kann sehr unbequem werden, denn jede Art der Veränderung
schmerzt erst mal.

Die Komfortzone ist unser individueller Bereich des privaten und beruflichen
Lebens. Sie ist bequem, sicher und gemütlich. Viele Menschen haben Angst,
diese zu verlassen, weil „da draußen" Risiken und Unbekanntes wartet. Aber
wenn wir uns an unsere Komfortzone klammern, ist jede Art von Weiterentwicklung ausgeschlossen. Nicht umsonst gilt der Spruch: „Dein Leben
beginnt am Ende Deiner Komfortzone."

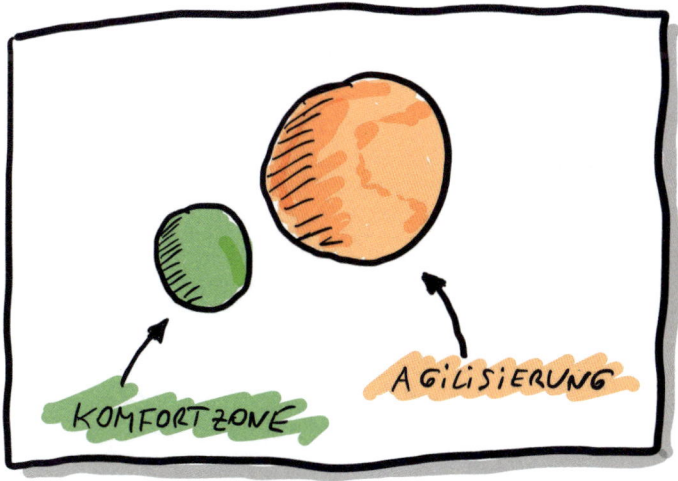

■ 1.3 Aufbau der Inhalte des Buchs

Dieses Buch ist so aufgebaut, dass in den ersten Kapiteln allgemeine Informationen zum Vorgehen eines Scrum Masters an der „Scrum Front" beschrieben werden. Auf die Details sowie die Hintergründe und theoretischen Modelle und Vorgehensweisen gehe ich dann in den späteren Kapiteln ein. Ich habe als Unterstützung in den Kapiteltexten Querverweise auf die entsprechenden weiterführenden Bereiche im Buch gemacht.

Ich kann gut verstehen, dass viele Leser verleitet sind, gleich zu den hinteren Praxiskapiteln zu blättern, um die Methoden und Praktiken des Scrum Masters schnell kennenzulernen. Ich empfehle jedoch, das Buch komplett – Kapitel für Kapitel – durchzulesen, da die Themen aufeinander aufbauen. Wenn wir sie aus dem Zusammenhang reißen, entfaltet „Scrum Master 2.0" nicht die von mir beabsichtigte Wirkung und Tiefe.

Ich bitte um Verständnis, dass die Themenschwerpunkte in diesem Buch nicht vollumfänglich, bis ins kleinste Detail behandelt werden können, sonst würde es sich hier um ein Werk von mehreren tausend Seiten handeln. Daher biete ich, ergänzend zu den Themenblöcken, vertiefende „Scrum Master 2.0"-Workshops und Schulungen in Form von Class Room, Video oder VR-Veranstaltungen an. Auch weitere, ergänzende Bücher sind in Planung. Wer Interesse daran hat, sollte nicht nur das Verlagsprogramm regelmäßig beobachten, sondern kann mir auch gerne eine E-Mail (Abschnitt 13.1) senden und ich informiere dann über weitere Neuigkeiten bezüglich „Scrum Master 2.0".

Nun noch ein paar Worte zum Thema „Genderdiskussion": Ich schreibe in diesem Buch in erster Linie in männlicher Form, also beispielsweise „der Teilnehmer". Ich möchte an dieser Stelle betonen, dass dies symbolisch für alle Geschlechtsformen stehen soll und ich damit niemanden diskriminieren möchte. Daher bitte ich, dem Inhalt mehr als der Form des Buchs Beachtung zu schenken. Ein weiser Scrum Master hat einmal zu einem IT-Leiter gesagt: „Was ist euch wichtiger? Der Prozess oder das Produkt?"

2 Wozu benötigen wir Agilität in Firmen?

■ 2.1 Das Umsetzungsfeld

Um zu verstehen, warum wir aktuell in unseren Firmen dringend Agilität und agile Vorgehensweisen wie Scrum benötigen, muss ich etwas weiter ausholen. Dazu nutze ich das Cynefin-Modell, das 1999 von Dave Snowden entwickelt und im Jahr 2000 veröffentlicht wurde [Snow2000]. Mit diesem Wissensmanagementmodell werden Aufgaben, Probleme, Situationen und Systeme beschrieben (Bild 2.1).

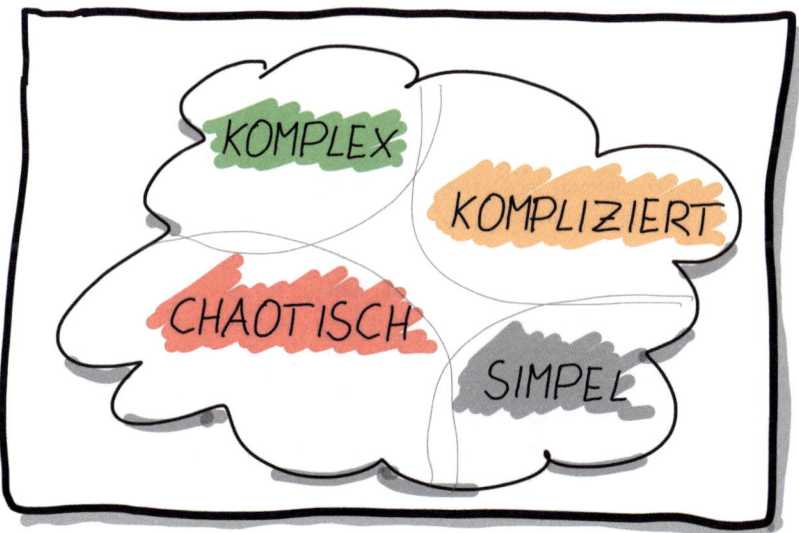

Bild 2.1 Das CYNEFIN-Modell von Dave Snowden

Ein Vorhaben oder Projekt kann eine von vier Charakteristiken aufweisen: komplex, kompliziert, chaotisch oder simpel. Was bedeutet das nun genau?

- **Simpel:** Hierbei handelt es sich um ein einfaches, überschaubares Vorgehen. Beispiele dafür sind feste Supportprozesse in der IT. Ein Fehler tritt auf, der bekannt ist und zu dem es ein dokumentiertes Vorgehen zur Behebung gibt. Die Handlungsabfolge ist dabei: Erkennen → Kategorisieren → Reagieren.

- **Chaotisch:** Ein Beispiel für Chaos ist, wenn ein derart schwerwiegender Fehler auftritt, dass alles liegen und stehen gelassen wird, nur um diesen zu beheben. Dabei treten oft weitere, unvorhergesehene Komplikationen auf, für die es noch keine fertige Lösung gibt. Jeder versucht, erst mal das Feuer zu löschen, ehe es an die Behebung der Brandursache geht. Diese Situation wollen wir natürlich vermeiden. Die Handlungsabfolge ist dabei: Handeln → Erkennen → Reagieren.

- **Kompliziert:** Hier sind die Ziele klar gesteckt und der Weg dorthin ist auch größtenteils bekannt. Oft wird für die Umsetzung spezielles, noch nicht vorhandenes Wissen eingekauft, indem externe Berater hinzugezogen werden. Der Weg zum Ziel ist dabei verhältnismäßig klar. Die Handlungsabfolge ist dabei: Erkennen → Analysieren → Reagieren.

- **Komplex:** Hier sind die Ziele klar, der Weg dahin ist jedoch von Unsicherheiten durchwirkt. Es kann viel passieren, auf das wir nicht vorbereitet sind. Hier gilt es dann schnell zu reagieren, um neue Lösungsansätze zu finden. Die Handlungsabfolge ist dabei: Ausprobieren → Erkennen → Reagieren.

Ist ein Vorhaben als kompliziert anzusehen, passt am besten eine klassische (Wasserfall) Projektvorgehensweise. Geht es um ein komplexes Vorhaben, sind agile Projekte und Prozesse ideal für die Umsetzung.

 Praxisbeispiel Fußball

Ein Beispiel für ein **simples** Vorgehen (fest vorgeschriebene, überschaubare und klar umrissene Prozesse) ist die Arbeitsanweisung für den Platzwart eines Fußballstadions, um die Linien der Spielfeldmarkierungen nachzuziehen. Es gibt dabei genaue Vorgaben, ab wann diese nachgezogen werden sollen, wie lang und breit diese sein dürfen und so weiter.

Ein Beispiel für ein **komplexes** Vorgehen ist ein Fußballspiel, das im Stadion stattfindet. Die Ziele für jedes Team sind klar vorgegeben: In einer bestimmten Zeit (Timebox zweimal 45 Minuten) sollen möglichst viele Tore im gegnerischen Feld erzielt werden, und das nach einem festen Regelwerk.

Die Ziele und der Rahmen sind dabei klar festgelegt, aber der Weg dorthin nicht. Den erarbeitet sich jedes Team mit seinem Trainer und seinem Betreuerstab selber (selbstorganisiertes Team). Sobald dann das Spiel beginnt, muss jeder im Team innerhalb seiner Rolle schnell auf die aktuelle Situation reagieren. Es ist vorher nicht abzusehen, wo der Ball im nächsten Moment liegt, wo sich die Mitspieler oder Gegner auf dem Feld befinden, ob Wind, Regen oder Sonne einen Einfluss ausüben und so weiter. Fußball ist also eines der agilsten Spiele der Welt.

■ 2.2 Die Wahl des richtigen Projektvorgehens

In den letzten Jahrzehnten wurden in Firmen feste Arbeitsabläufe eingeführt, die sogenannten „Prozesse". Der Vorteil von Prozessen ist, dass immer wiederkehrende Aufgaben
einfach und schnell – durch dieselben Vorgehensweisen – gelöst werden können. Die Probleme sind bekannt, die Vorgehen dazu ebenfalls, alles ist dokumentiert und kann jederzeit
reproduziert werden.

Bei diesen klassischen Prozessen ist das Ziel klar und auch der Weg dahin, es handelt sich
also meistens um eine Mischung aus **komplizierter** und **simpler** Vorgehensweise.

Die in Organisationen eingeführten Prozesse richten sich in erster Linie an planbaren Vor-
gängen aus. Die Anforderungen des Markts haben sich jedoch schon vor etlichen Jahren
geändert und die aktuelle Entwicklung ist nicht vorhersehbar. Aufgrund der Globalisierung
und der Digitalisierung verändern sich das Umfeld und das Kundenverhalten. Der Kunde
möchte seine Produkte und Dienstleistungen möglichst schnell bekommen. Kann eine
Firma dies nicht zeitnah anbieten, wird sofort zum nächsten Anbieter gewechselt. Aufgrund
der Globalisierung ist es jetzt möglich, weltweit einzukaufen, wodurch sich der Konkur-
renzkampf weiter verschärft hat. Die Anbieter, die am schnellsten die vom Kunden benötigten Produkte oder Dienstleistungen anbieten können, gewinnen diesen Wettlauf.

Das Arbeitsumfeld im Bereich der Kundendienstleistungen und der Produktion von Gütern
hat sich dadurch von **kompliziert** zu **komplex** gewandelt. Neue, oft nie dagewesene Anforderungen tauchen ungeplant und plötzlich auf und wollen schnell umgesetzt werden, damit
der Kunde nicht zur Konkurrenz geht. Starre Prozesse aus dem komplizierten oder simplen
Umfeld passen also hier nicht mehr.

Es werden neue Vorgehen benötigt, die schnell und einfach an ungeplante Situationen angepasst werden können. Und hier kommt Agilität ins Spiel, als Antwort auf **komplexe** Anforderungen. In unserem Fall handelt es sich um das agile Framework Scrum.

Um nun zu entscheiden, ob ein Projekt bzw. eine Produktentwicklung agil durchgeführt
werden kann, gibt es einige Kriterien:

- Ist der endgültige Fertigstellungstermin fix, also kann er nicht mehrfach verschoben wer-
den?
- Handelt es sich um ein komplexes Projekt?
- Können sich während des Projekts die Anforderungen ändern?
- Besteht die Möglichkeit, dass ungeplante Situationen auftreten, die zu Behinderungen in
der Arbeit des Teams führen könnten?
- Beinhaltet das Projekt neuartige Inhalte oder fehlt noch Wissen dazu?
- Gibt es ein festes Team?
- Können Teile des Produkts ausgeliefert werden, ohne dass unser Produkt komplett fertig-
gestellt ist?
- Hat das Entwicklerteam zwischen drei und neun Mitgliedern?

Treffen mehr als zwei Drittel der Kriterien zu, so haben wir einen potenziellen Kandidaten
für die Umsetzung mittels Scrum.

3 Das Scrum Framework

Wie schon eingangs erwähnt, ist dies kein Lehrbuch zu Scrum. Trotzdem fasse ich an dieser Stelle das agile Framework kurz zusammen, um dann die weiteren Kapitel darauf aufbauen zu können. Wer Interesse hat, kann sich von mir kostenlos die Scrum-Grafik (Bild 3.1) als PDF-Datei senden lassen (Abschnitt 13.1). Wenn mehr Informationen oder Erklärungen der Fachwörter benötigt werden, sind diese im offiziellen Scrum-Guide (Link im Abschnitt 13.3) zu finden.

■ 3.1 Ein Überblick

Das Ziel von Scrum ist eine schnellere und trotzdem hochqualitative Herstellung von Produkten mit den vorhandenen Ressourcen. Dies soll jedoch nicht erfolgen, indem man die Personen, die für die Herstellung zuständig sind, unter Druck setzt, mehr und länger zu arbeiten, sondern durch eine kontinuierliche Optimierung der teaminternen Prozesse.

Scrum kommt zwar aus der Welt der Softwareprogrammierung, ist aber für jede Art der Erstellung oder Erhaltung komplexer Produkte anwendbar.

 Was bedeutet „komplexes Produkt"?

Ein komplexes Produkt kann Software, eine Marketingstrategie, ein Fachbuch, ein Design für Mobilnetztelefone, ein 3-Jahresplan für strategisches Management einer Firma oder Ähnliches sein. Also alles, bei dem die Ziele zwar klar umrissen sind, aber der Weg dahin sehr viele Unsicherheiten oder rapide Änderungen enthalten kann.

■ 3.2 Die Kundenanforderungen

Ein Kunde möchte ein Produkt haben und hat auch schon Wünsche, was dieses können soll ("Features"). Damit geht er zum **Product Owner** (PO) des Scrum Teams. Ein Kunde kann der Projektleiter, eine andere Abteilung oder ein externer Auftraggeber sein. Dafür hat sich die Bezeichnung "Stake Holder" etabliert.

Der PO lässt sich nun vom Kunden genau schildern, was er haben möchte und auch wozu er es benötigt. Diese Anforderungen werden vom PO in **User Stories** verpackt. Diese werden später die Arbeitsanforderungen für das Entwicklerteam. Dabei sollte der PO darauf achten, dass der Kunde nicht vorgibt, **wie** etwas umzusetzen ist, sondern genau beschreibt, **was** umzusetzen ist. Er definiert also die zu erreichenden Ziele, nicht den Weg dorthin.

Alle Anforderungen, also alle User Stories, wandern nun in eine Liste namens **Product Backlog** (PBL). Es können jederzeit neue Anforderungen vom Kunden gemacht werden und somit auch jederzeit neue User Stories vom Product Owner ins PBL eingebracht werden. Auch werden öfter User Storys gelöscht oder in mehrere andere User Storys aufgeteilt ("geschnitten"). Das Product Backlog ist somit nie abgeschlossen.

Der PO hat nun die Aufgabe, das Product Backlog nach jeder Änderung zu priorisieren. Themen, die zuerst umgesetzt werden sollen, kommen an oberster Stelle, die "Nice-to-have"-Themen ganz nach unten.

Wenn neue User Storys in das PBL wandern und durch die Priorisierung im oberen Bereich landen, beruft der PO ein **Refinement Meeting** ein. Hier wird mit dem Entwicklerteam (Developer Team) die User Story soweit verfeinert und mit Inhalten befüllt, dass die Entwickler danach theoretisch mit der Umsetzung anfangen können. Ich schreibe an dieser Stelle bewusst "theoretisch", da es noch ein paar Kriterien gibt, ehe diese Storys in die Umsetzung gelangen können.

■ 3.3 Die Umsetzung

Die komplette Laufzeit des Projekts wird in kurze, immer gleich lange Iterationen von zwei bis vier Wochen aufgeteilt, die sogenannten **Sprints**. Jeder Sprint innerhalb der Projektlaufzeit soll dabei gleich lang sein.

Am ersten Tag des Sprints findet das **Sprint Planning** statt. Hier werden die im **Refinement Meeting** fertig "gegroomten" User Storys noch einmal vom PO vorgestellt und das **Developer Team** beschließt gemeinsam, welche davon im aktuellen Sprint umgesetzt und abgeschlossen werden können (Commitment). Diese werden dann im **Sprint Backlog** abgelegt und beinhalten nun die bis zum Sprintende umzusetzenden Anforderungen.

An jedem Arbeitstag des Sprints findet, idealerweise vormittags, ein 15-minütiges Statusmeeting, der **Daily Scrum**, statt. Damit wird für alle im Team der gleiche Wissensstand hergestellt, was den Fortschritt und die Behinderungen **(Impediments)** der Arbeit im Team betreffen. Sollten solche Impediments auftreten, die das Team nicht selber lösen kann, werden diese im **Impediment Backlog** vermerkt. Der **Scrum Master** sorgt dann für deren Lösung.

Am letzten Tag des Sprints findet, am besten vormittags, das **Sprint Review** statt. Dies dient dazu, den Stakeholdern die im Sprint erreichten Ergebnisse **(Incremente)** vorzuführen. Dies ist kein Abnahmemeeting, sondern eine reine Präsentation. Idealerweise werden hier funktionierende Teile des Produkts „zum Ausprobieren" vorgestellt. Dadurch kann kontrolliert werden, ob das Team noch die Vision des Kunden umsetzt, aber auch neue Ideen angestoßen werden.

Am Nachmittag des letzten Sprinttags wird die vom Scrum Master geleitete **Sprint Retrospektive** abgehalten. Hier wird mit dem Team festgelegt, welche internen Optimierungen der Teamprozesse im nächsten Sprint umgesetzt werden können.

Dies passiert, indem Themen gesammelt werden, die gut, aber auch nicht so gut im Sprint funktioniert haben. Das Team erstellt dann Vorgehensweisen, um die positiven Punkte im kommenden Sprint zu verstärken und die negativen Punkte ändern zu können. Diese „Action Points" werden vom Scrum Master dann im **Team Backlog** vermerkt und verwaltet.

Dieses Vorgehen wird in jedem Sprint wiederholt, wobei ein neuer Sprint unmittelbar dem vorhergehenden folgt.

 Scrumdetails

Ich habe bewusst auf Themen wie die „Definition of Done", „Definition of Ready" oder „Story Points" verzichtet. Diese werden in den späteren Kapiteln noch ausführlicher behandelt.

3.4 Die Essenz von Scrum

Das Scrum Framework ist also ein **Regelwerk für die Herstellung komplexer Produkte.** Es besteht lediglich aus folgenden drei Rollen:

- Der **Scrum Master** (SM): Dieser ist für den **Rahmen** von Scrum, nicht die fachlichen oder technischen Inhalte, verantwortlich.
- Der **Developer** (DEV): Dieser ist für die **technische Umsetzung** der fachlichen Anforderungen verantwortlich und arbeitet in einem Entwicklerteam (Developer Team).
- Der **Product Owner** (PO): Dieser ist Ansprechpartner für die fachlichen Anforderungen der Kunden und ist für die Steuerung der Fertigstellung der Produktteile (Incremente) zuständig. Er vertritt den Kunden in Richtung Developer Team.

Ein kleiner, aber feiner Unterschied!

Wir sollten nicht die Begriffe **Scrum Team** und **Developer Team** verwechseln. Das Scrum Team besteht aus dem Product Owner, dem Scrum Master und den Developern, während das Developer Team nur aus den Developern besteht.

In Scrum werden alle Ergebnisse oder Zwischenergebnisse „Artefakte" genannt. Es gibt fünf Kernartefakte:

- Das **Increment:** Dieses fällt als Ergebnis aus dem Sprint.
- Das **Product Backlog:** Hier werden alle Anforderungen in Form von User Storys gesammelt. Es gibt noch zusätzliche „Backlog Items" wie Epics oder Subtasks.
- Das **Sprint Backlog:** Hier werden alle vom Developer Team für die Umsetzung im aktuellen Sprint ausgewählten User Storys verwaltet.
- Das **Team Backlog:** Hier werden alle Vorgehensbeschlüsse (Action Points) aus den Retrospektiven verwaltet.
- Das **Impediment Backlog:** Hier werden alle vom Scrum Master zu lösenden Impediments verwaltet. Diese kommen in erster Linie aus den Dailys.

In Scrum gibt es eine fest vorgeschriebene Anzahl von Meetings, die **Events** genannt werden. Jedes hat eine feste Zeitspanne (Time Box):

- Das **Sprint Planning:** Bei diesem Event plant das Scrum Team den nächsten Sprint.
- Der **Daily Scrum:** Dies ist ein reines Statusmeeting, in dem jeder Developer die Fragen „Was habe ich seit dem letzten Daily umgesetzt", „Was habe ich vor, bis zum nächsten Daily umzusetzen" und „Wo komme ich in meiner Arbeit nicht weiter aufgrund von Impediments" beantwortet.
- Das **Sprint Review:** Hier führen die Developer den Stakeholdern die im letzten Sprint umgesetzten Incremente vor.
- Die **Sprint Retrospektive:** Bei diesem Event betrachtet das Scrum Team den letzten Sprint und beschließt teaminterne Prozessoptimierungen.
- Das **Refinement:** Während dieser Veranstaltung werden die vom Product Owner mitgebrachten User Storys durch das Developer Team so lange verfeinert (gegroomt), bis die **Definition of Ready** (DoR) erfüllt ist.

 Was bedeuten DoR und DoD?

Es gibt zwei wichtige Artefakte in Scrum in Form von Checklisten. Diese werden vom Scrum Team gemeinsam erstellt und laufend weiterentwickelt:

- Die **Definition of Ready** (DoR): Eine User Story ist erst dann fertig „gegroomt", wenn sie alle Punkte der DoR erfüllt. Erst dann darf sie vom Product Owner ins Sprint Planning mitgenommen werden.
- Die **Definition of Done** (DoD): Eine User Story ist erst dann fertig (Done), wenn sie alle Punkte der DoD erfüllt.

Ziel der Einhaltung des Regelwerks ist es, durch Selbstoptimierung des Scrum Teams früher oder später ein „High Performance Team" zur Verfügung zu haben, das von Sprint zu Sprint mehr Arbeit schafft, und dies mit weniger Stress und mehr Spaß.

Soweit zu den grundlegenden „Spielregeln" des agilen Scrum Frameworks. Diese Regeln sind einfach zu verstehen, aber die Umsetzung ist schwer, weil es nicht reicht, einfach nur die Tools und Vorgehensweisen einzusetzen. Denn um all dies effektiv umzusetzen, ist es unerlässlich, Denkweisen zu ändern und Werte zu leben. Doch dazu später mehr.

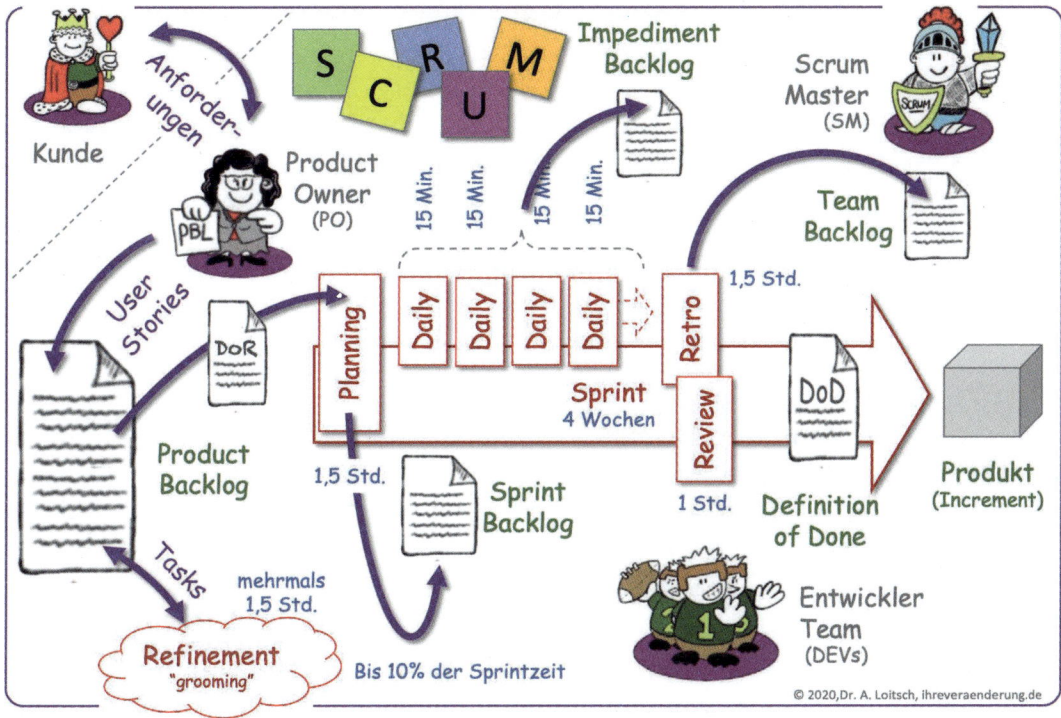

Bild 3.1 Scrum – kurz und knapp auf einem „One-Pager" zusammengefasst

4 Das Profil eines Scrum Masters

4.1 Was tut ein Scrum Master den ganzen Tag?

Es gibt leider noch viele Firmen, die der Meinung sind, dass ein Scrum Master „nicht so viel zu tun hat" im Laufe eines Arbeitstags. Daher wird diese Rolle oft nur als Teilzeitstelle ausgeschrieben. Das bedeutet, dass ein Mitarbeiter diese Tätigkeit neben seinem eigentlichen Job noch mitmachen soll. Es kommt auch des Öfteren vor, dass ein „Vollzeit-Scrum-Master" aus Kostengründen gleich zwei oder drei Teams parallel betreuen muss.

Scrum Master zu sein, ist aber, genauso wie die Rolle des Product Owners, ein „Full-time"-Job. So ein Arbeitstag ist bereits mit nur einem Team vollständig ausgefüllt. Selbst als erfahrener „Agilisator" ist es sehr schwierig, mit mehr als einem Team gleichzeitig zu arbeiten, jedoch nicht unmöglich. Solche „Drahtseilakte" sind jedoch nur sehr erfahrenen Profis zu empfehlen, da bei der Arbeit mit mehreren Teams immer eines davon zu kurz kommen kann.

Wie das Profil eines Scrum Masters nun idealerweise aussieht, ist offiziell noch nicht abschließend geklärt, da dies ein verhältnismäßig junger Beruf ist. Daher sehen wir uns die Tätigkeit des Scrum Masters genauer an und können dann davon die für diesen Beruf notwendigen Skills ableiten.

4.2 Die Teamverantwortung

Für folgende Themen ist der Scrum Master in Bezug auf sein Team verantwortlich:

- Scrum und Agilität werden von den Teammitgliedern verstanden.
- Die Scrum-Regeln werden von den Teammitgliedern umgesetzt und eingehalten.
- Es gibt genug Freiraum für die Selbstorganisation der Teammitglieder.
- Schutz der Teammitglieder vor Störungen von außen.
- Die Arbeitsatmosphäre im Team ist locker und entspannt.

Dies klingt im ersten Moment nach nicht viel Arbeit, jedoch steckt der Teufel im Detail. Um ein Team zu unterstützen, das Scrum-Regeln lebt, müssen diese erst einmal wirklich verstanden werden. Das bedeutet regelmäßige Kontrolle des „agilen Status" jedes einzelnen Teammitglieds und des gesamten Teams. Daraus leiten sich verschiedene Interventionen wie Workshops, Einzel-Coachings oder Gruppenaktivitäten ab. Diese müssen vorbereitet, durchgeführt und nachbearbeitet werden.

Die Scrum-Regeln im Arbeitsalltag erfolgreich einzusetzen, erfordert als Basis jedoch ein „Agiles Mindset" jedes Einzelnen im Team. Und das ist die eigentliche Herausforderung für den Scrum Master: Die Teammitglieder zu unterstützen, agil zu denken, agil zu handeln – einfach agil zu sein und das nicht nur im Job. Denn Agilität (Abschnitt 11.1) ist eine Lebenseinstellung, kein Tool, das man einfach nur im Beruf nutzt und ablegt, wenn man nach Hause geht.

Um nun die Entwicklung des Agilen Mindsets zu unterstützen, ist es notwendig, sich sehr stark mit den einzelnen Personen im Team zu beschäftigen, Soft-Skills zu trainieren und durch das eigene Verhalten und die Außenwirkung als Scrum Master, den Stein für Veränderungen ins Rollen zu bringen. Leider ist dies nun genau das Themenfeld, an dem die meisten frisch gebackenen Scrum Master scheitern.

Es ist nicht schwer, ein paar Regeln des agilen Frameworks als Rahmen vorzugeben. Sie aber einzuhalten, sie zu verstehen und aktiv zu leben, das erfordert größere Anstrengungen.

An dieser Stelle kommen nun die Werte von Scrum (Abschnitt 11.1) ins Spiel. Es klappt nicht, neue Zusammenarbeitsmodelle mit Kolleginnen und Kollegen umsetzen zu wollen, wenn diese noch in ihrer alten „Denke" feststecken. Sie brauchen dazu ein Agiles Mindset (Abschnitt 11.2), sonst klappt es nicht mit der neuen Arbeitswelt. Und das Agile Mindset kann nur entwickelt werden, wenn agile Werte angenommen und gelebt werden.

 Ein Beispiel, wie wichtig ein Agiles Mindset ist:

In vielen Firmen wird zwar gerne von einer Fehlerkultur (Abschnitt 7.8.2) gesprochen, jedoch wird diese nicht gelebt. Die Angestellten haben Angst vor den Folgen von Fehlern: Schlechte Bewertungen, die Reputation leidet, Prämien werden gekürzt, nicht ausbezahlt oder als Druckmittel in einem sehr politischen Umfeld eingesetzt.

Daher habe ich persönlich sehr oft erlebt, wie Fehler unter den Tisch gekehrt wurden, vor allem im mittleren Management. Ich hatte in meiner Zeit als Projektleiter nicht selten große Projekte als „grün" zu melden, obwohl sie tiefrot waren („Melonenprojekte": innen rot, außen grün).

Was würde es also helfen, wenn wir mit dieser seit Jahren, oder Jahrzehnten, gelebten Fehlerangst in unserem Team verlautbaren, dass ab sofort niemand mehr Panik haben muss, Fehler zu machen, die ja frühzeitig auffallen sollen, um uns und dem Kunden später nicht „auf den Kopf" zu fallen?

Genau! Es würde gar nichts ändern! Die alten Muster sind tief verankert und können nicht so einfach überschrieben werden.

Würden jedoch alle im Team starkes Vertrauen zueinander haben und hohen Respekt vor der Meinung der Teamkameraden mit totaler Offenheit, einem Wissen, dass das Management ihnen den Rücken stärkt, freihält und einem hohen Fokus auf die gemeinsamen Teamentwicklungsziele, also agile Werte, dann wäre schon die Basis für das Agile Mindset gelegt. Und somit ein gutes Fundament, dass Frameworks wie Scrum auch wirklich funktionieren.

 Prozesse brauchen Zeit!

Die Entwicklung des **Agilen Mindsets** und das Umsetzen von **Scrum** ist ein Prozess. Und Prozesse benötigen ihre Zeit, bis sie funktionieren. Da reicht es nicht, mal einfach einen Workshop zum Thema zu veranstalten. So gibt es auch die alte Scrum-Master-Regel: „Die ersten vier bis fünf Sprints geht alles schief, danach läuft's."

■ 4.3 Weitere Verantwortungsbereiche

Für folgende Themen ist der Scrum Master in Bezug auf den **Product Owner** verantwortlich:

- Unterstützung bei der Entwicklung effektiver Techniken zum Formulieren und Schneiden von User-Storys
- Unterstützung bei der Beherrschung von Techniken zur Priorisierung von Themen mit dem Kunden und Priorisierungen des Product Backlogs.
- Unterstützung beim Erlernen von Gesprächstechniken und Konfliktlösungsvorgehen mit Kunden und Stakeholdern.

Für folgende Themen ist der Scrum Master in Bezug auf das **Umfeld des Teams** verantwortlich. Zu diesem Umfeld (Environment) gehören beispielsweise die Stake Holder des Projekts (Kunden, Auftraggeber, Manager), aber auch andere Teams, Abteilungen oder Firmen, die mit dem Team zu tun haben:

- Unterstützung, um Agilität und Scrum zu verstehen,
- Unterstützung, um die Arbeitsweise des Teams zu verstehen,
- Unterstützung, um zu verstehen, wie das Team unterstützt werden kann,
- Unterstützung, um zu verstehen, was zu unterlassen ist, um das Team bei der Herstellung des Produkts zu stören oder zu behindern.

„Open Format Forum" anbieten!

Die Einführung eines regelmäßig stattfindenden „Lean Coffee" (Abschnitt 10.1) zum Thema „Scrum & Agilität" hilft vielen Kollegen und Stakeholdern, das Thema besser zu verstehen.

■ 4.4 Die Skill-Rollen des Scrum Masters

Nun, da wir die wichtigsten Aufgabenfelder des Scrum Masters identifiziert haben, stellt sich die nächste Frage: Wie kann der Scrum Master die „Agilisierung" des Teams und des Team-Umfelds ermöglichen? Wie kann er seine Kolleginnen und Kollegen dazu bringen, die Scrum-Regeln einzuhalten? Denn eines dürfen wir dabei niemals vergessen:

Der Scrum Master ist kein Manager mit Weisungsbefugnis. Er ist vielmehr ein „Ermöglicher" (Enabler), ein sogenannter „Servant Leader", der die Teammitglieder unterstützt, ihr Agiles Mindset auszubilden und die Arbeit nach Scrum zu organisieren. Einfach Anweisungen zu geben klappt da leider nicht und Restriktionen zu verhängen, wenn gemeinsam festgelegte Regeln und Vorgehensweisen nicht eingehalten werden, sind in diesem Kontext nicht möglich.

Die Lösung des Dilemmas klingt einfach, ist jedoch schwer umzusetzen: Der Scrum Master arbeitet mit allen Beteiligten so, dass diese verstehen und erkennen, dass gewisse Verhaltens- und Vorgehensweisen mehr Sinn stiften als bisherige. Das bedeutet also, die direkte Arbeit mit Menschen. Da hilft uns der Scrum Guide alleine leider nicht weiter.

Ein Scrum Master sollte im Idealfall situativ abwechselnd Coach, Trainer, Berater und Mentor für die Mitglieder seines Teams sein.

 Die Unterschiede zwischen den Rollen des Scrum Masters:

- **Trainer:** Hier wird eine „Lehrerrolle" eingenommen. Der Trainer ist Spezialist auf einem Gebiet und bringt dem Auszubildenden neues Wissen bei.
- **Coach:** Der Coach hilft dem Ratsuchenden bei der Lösungsfindung in Bezug auf seine Probleme, ohne dabei seine persönliche Sicht und Meinung einzubringen. Der Ratsuchende entwickelt mithilfe des Coaches eine für ihn perfekte Lösung sowie deren Umsetzungsweg.
- **Berater:** Er hilft dem Ratsuchenden bei der Lösungsfindung, bringt jedoch seine Expertise aktiv ein und gibt Lösungsansätze vor oder reichert die Lösungen des Ratsuchenden damit an.
- **Mentor:** Dieser ist ein Förderer, Berater und Fürsprecher. Er steht seinem Schützling mit Rat, Informationen und Orientierung zur Verfügung.

■ 4.5 Das sollte ein Scrum Master können

Aus den unterschiedlichen Rollen, die der Scrum Master im Team einnimmt, ergeben sich verschiedene benötigte „Hard Skills", also fachliche Kompetenzen, und „Soft Skills", also außerfachliche oder fachübergreifende Kompetenzen.

Um ein Scrum Team und sein Environment effektiv unterstützen zu können, werden folgende Kompetenzen benötigt:

- **Methodenkompetenz** („Hard Skills"): Das ist der „persönliche Werkzeugkasten" an Techniken und Fähigkeiten zum situativen Einsatz, Techniken der Moderation, agile Spiele zur Wissensvermittlung, Visualisierungstechniken und Präsentations-Know-how.

- **Persönliche Kompetenz** („Soft Skills"): Das ist die Qualität, die eigenen Fähigkeiten (z. B. Methodenkompetenzen) gezielt und sinnvoll einsetzen zu können. Dazu gehören individuelle Flexibilität, Initiative, Intuition und Kreativität sowie Führung, Auftreten, Ausdrucksvermögen und das persönliche Erscheinungsbild.

- **Soziale Kompetenz** („Soft Skills"): Dies ist ein Überbegriff für Fähigkeiten, Einstellungen, Verhaltensweisen und Persönlichkeitsmerkmale, die für die Interaktion mit anderen Personen notwendig sind. Dazu gehören die innere Haltung und sichtbares Verhalten, abhängig vom situativen Kontext, Einfühlungsvermögen, Kommunikationsfähigkeit, Integrationsfähigkeit und Gruppenfähigkeiten (Team-, Konflikt- und Kritikfähigkeit).

In den nächsten Abschnitten gehen wir etwas detaillierter auf die Hard und Soft Skills ein.

4.5.1 Übersicht der Hard Skills

Hard Skills sind „harte Faktoren", wie berufstypische Qualifikationen. Folgende Hard Skills benötigt der fortgeschrittene Scrum Master:

- **Spezialist für Scrum:** Der Scrum Master ist Profi auf dem Gebiet „Scrum" und aller angrenzenden agilen Themen. Diese sind durch entsprechende Seminare und eine Zertifizierung zu erlangen. Der Scrum Master muss das Scrum-Regelwerk in- und auswendig kennen und seinen Einsatz beherrschen.

- **Spezialist für agile Methoden und Vorgehensweisen:** Es werden eine Vielzahl von Tools und Formaten benötigt, um diese situativ richtig und effektiv einsetzen zu können. Dies betrifft sowohl die Organisation, Durchführung und Moderation von agilen Scrum-Events wie der Retrospektive, dem Daily Scrum, dem Sprint Review oder dem Sprint Planning, übergreifende Meeting- und Workshopformate wie Lean Coffee oder Word Coffee (Abschnitt 10.1) als auch Methoden wie Fishbowl, die Heldenreise oder die Spezialistenintervention (Abschnitt 10.5). Es gibt ein riesiges Angebot an Methoden, aus denen der Scrum Master schöpfen kann. Wichtig ist dabei, dass er die Tools und Formate auswählt, mit denen er sich sicher und wohl fühlt. Einige der von mir am meisten eingesetzten Hilfsmittel habe ich im Abschnitt 10.5 detailliert beschrieben.

- **Zeichnen:** Es wird im agilen Umfeld in erster Linie „physikalisch" gearbeitet und visualisiert. Das bedeutet, der Scrum Master sollte schnell und gut zeichnen können und sich ein „grafisches Vokabular" dafür zulegen, um jede Situation im Arbeitsalltag auch visuell darstellen zu können, im Idealfall mit einem einzigen einfachen Symbol. Wir gehen auf das Thema später in Abschnitt 10.4 noch genauer ein.

- **Umfangreiches Handwerkszeug und dessen Anwendung:** Der Scrum Master sollte einen eigenen Moderationskoffer (Abschnitt 10.2) besitzen, der mit verschiedenen Arbeitsmitteln gefüllt ist, die funktionieren und die er auch beherrscht. Es gibt nichts Ärgerlicheres, wenn bei einem spontan einberufenen Workshop nicht genug Klebezettel und Stifte für die Teilnehmer da sind oder die eigenen Flipchart-Stifte nicht funktionieren.

4.5.2 Übersicht der Soft Skills

Eine genaue Begriffserklärung von „Soft Skills" ist schwer möglich, aber Soft Skills betreffen die Persönlichkeit und gehen weit über die Hard Skills hinaus. Es handelt sich auf jeden Fall um situativ angepasste Sammlungen von Einzelfähigkeiten und es geht dabei immer um Themen der sozialen Kompetenz einer Person. Soft Skills werden im Berufsleben immer wichtiger. Fachwissen als „Hard Skills" können gelernt werden, Soft Skills müssen langsam entwickelt werden. Als Unterstützung für das Scrum Team gibt es dafür den Scrum Master.

- **Mediations- und Konfliktlösungsfähigkeiten:** Es kommt oft vor, dass sich im Team Konflikte entwickeln, jedoch ist es nicht notwendig, auch alle zu lösen. Erst wenn das Team darunter leidet und das Erreichen der Sprintziele gefährdet oder die Geschwindigkeit des Scrum Teams beeinträchtigt wird, ist es die Pflicht des Scrum Masters, einzuschreiten.

  Dazu benötigt er nicht nur Fingerspitzengefühl, sondern vor allem grundlegende Kenntnisse in Konfliktlösungsvorgehen. Mehr als zwei Drittel der Probleme in Teams basieren nicht auf technischen oder fachlichen Hindernissen, sondern haben als Auslöser persönliche Differenzen. Wie wir damit umgehen können, erkläre ich rudimentär in Abschnitt 11.7.

- **Coachingerfahrung:** Als Basis für die Arbeit mit Menschen sind Coaching-Skills unersetzlich. Eine systemische Ausbildung hilft ungemein, mit den einzelnen, oft sehr unterschiedlichen Teammitglieder umzugehen.

  Durch einen Coachinglehrgang lernt der Scrum Master richtig zu kommunizieren, aktiv zuzuhören, lösungsorientiert zu fragen und mit dem zu Coachenden eine für ihn maßgeschneiderte Lösung seines Problems auszuarbeiten. In Abschnitt 11.8 erkläre ich die Grundlagen des (systemischen) Coachings.

4.5.3 Der Scrum Master als Führungskraft

Ich werde nicht müde, immer wieder darauf hinzuweisen, dass ein Scrum Master keine Führungskraft im herkömmlichen Sinne ist.

Was bedeutet Führung?

Führung bedeutet, Mitarbeiter in einem Unternehmen unter den Bedingungen wirtschaftlichen Handelns in Bewegung zu setzen und anzuleiten, bestimmte Ziele zu erreichen. Idealerweise ermöglicht die Führungskraft den Mitarbeitern, ihre Bewegungsrichtung selber zu bestimmen und alles ethisch vertretbar umzusetzen. Dabei ist die Führungskraft dem Mitarbeiter gegenüber weisungsbefugt. Details zu den verschiedenen Führungsstilen sowie zu agiler Führung sind in Abschnitt 11.9 zu finden.

Als Scrum Master nehmen wir die Rolle des „Servant Leaders" ein. Das bedeutet, man ist nach der obigen Definition schon eine Führungskraft, jedoch nicht weisungsbefugt. Und hier wird mir von Kollegen und Kunden immer wieder eine Frage gestellt: „Wie kann ich meinem Team Anweisungen geben, sodass diese befolgt werden, obwohl ich durch meine Stellung nicht die Möglichkeit habe, Sanktionen zu verhängen?"

Schon in der Fragestellung erkennen wir den grundlegenden Irrtum. Ich gebe dem Team keine Anweisungen, außer ich nehme die Rolle des Trainers oder Moderators ein. Ich mache in der Rolle des Scrum Masters Vorschläge und das Team entscheidet, ob diese angenommen werden.

Aufgrund meiner jahrelangen Erfahrung im agilen Umfeld habe ich die komfortable Möglichkeit, Angebote zu machen, die in der Regel von den Teams auch gerne angekommen werden, weil ich schon oft in solch einer (ähnlichen) Situationen war und den Teammitgliedern somit situativ die richtigen Tipps geben kann. Aber selbst wenn ein „Neuling" dem Team zur Seite steht und Vorschläge macht, die dann im Idealfall auch funktionieren, werden die Kolleginnen und Kollegen sehr schnell Vertrauen fassen und in Zukunft mehr auf den Scrum Master hören.

Wichtig ist, dass Kolleginnen und Kollegen sehr schnell merken, dass die Vorschläge des Scrum Masters helfen. Und somit sind wir wieder bei der Essenz von Scrum (Abschnitt 3.4): Prozesse verbessern, Hindernisse aus dem Weg räumen, um somit einfacher, schneller, hochwertiger und mit mehr Spaß Ergebnisse im Team zu erzielen und gemeinsam Ziele zu erreichen.

5 Zurechtfinden im neuen Job

■ 5.1 Hindernisse bei der Einführung von Scrum

Als Scrum Master sollten wir uns der allgemeinen Hindernisse bei der Einführung von Scrum bewusst sein. Ich möchte damit nicht sagen, dass es diese Probleme in jeder Firma gibt. Aber aus eigener Erfahrung kann ich berichten, dass es bei einem Großteil meiner Kunden und Auftraggeber so war.

Folgende sieben Punkte verhindern – oder behindern zumindest – die Einführung des agilen Frameworks Scrum massiv.

5.1.1 Fehlendes Change-Bewusstsein

Dem Management ist die fundamentale Bedeutung des Wandels, den die Einführung von Agilität und agilen Frameworks bedeutet, nicht bewusst. Man kopiert fälschlicherweise die Praktiken und ignoriert die Prinzipien und Werte. Die Basis für Scrum ist ein bewusstes (Er)leben der agilen Werte und Scrum-Prinzipien, die ständige Weiterentwicklung beinhalten. Ein klassisches Firmenumfeld mit starren Prozessen ist da oft zu unflexibel. Agilität einzuführen bedeutet, ständigen Wandel zu begrüßen und auch in der Organisation zuzulassen. Das alles nicht nur in den Scrum Teams, sondern auch in den Führungsebenen.

Daher stehen die Unternehmen nicht vor der Herausforderung, die Scrum-Regeln und Praktiken korrekt einzuführen und richtig anzuwenden, sondern zuerst – oder zumindest parallel – einen kompletten Kulturwandel herbeizuführen. Das bedeutet aber auch, die Firmenprozesse entsprechend anzupassen. Die Einführung von Scrum in einige wenige Teams wird früher oder später scheitern, wenn nicht auch das Umfeld langsam „agilisiert" wird.

Dazu gehört ein Großteil der den agilen Teams zuarbeitenden Abteilungen sowie Abteilungen, die Ergebnisse des Teams geliefert bekommen, und weitere Stakeholder und Interessengemeinschaften, die direkt oder indirekt von den Ergebnissen der Teams abhängig sind.

5.1.2 Falsche Erwartungshaltung

Wir wissen, dass die Scrum-Regeln und Vorgehensweisen einfach zu verstehen sind. Das verleitet zur Annahme, dass Scrum auch genauso einfach in ein Unternehmen eingeführt werden kann und sofort Probleme behebt, die im bisherigen Umfeld nicht zu lösen waren. Oft sind diese Wertungen übertrieben. Scrum ist kein Ersatz für fehlende Ressourcen, schlechtes Projektmanagement oder unklare Zielsetzungen. Eine Einführung oder Umstellung auf Scrum setzt außerdem große personelle, strukturelle und organisatorische Herausforderungen voraus. Und es ist ein Prozess, der viel Zeit benötigt. Ein paar Workshops für die Belegschaft reichen da leider nicht.

5.1.3 Fehlende Akzeptanz

Die Mitarbeiter werden nicht früh genug einbezogen. Ich habe es oft genug erlebt, dass Manager von Kollegen gehört haben, wie diese Scrum in ihrem Unternehmen – angeblich erfolgreich – eingeführt haben. Also wird einfach am nächsten Tag in der eigenen Firma die Order ausgegeben, dass ab dem kommenden Quartal alle agil arbeiten sollen und dafür Berater eingekauft werden, die das umsetzen. Dann werden noch schnell mal die Firmenwerte angepasst, eine Beraterfirma hält ein paar Workshops ab und danach wird erwartet, dass die Firma voll „agilisiert" ist.

Dies klappt leider so nicht. Um Scrum und Agilität zu leben, müssen die Mitarbeiter langsam darauf vorbereitet werden, indem zuerst ein Kulturwandel angestoßen wird. Das bedeutet, die Kolleginnen und Kollegen frühzeitig einzubeziehen, Mitspracherechte beim Wandel zuzulassen und gemeinsam die Firmenkultur dahingehend zu ändern, dass Agilität auf fruchtbaren Boden fällt.

Dazu gehört die Einführung einer positiven Fehlerkultur (Abschnitt 7.8.2), einer Feedbackkultur (Abschnitt 7.8.1), Unterstützung bei der richtigen Kommunikation (Abschnitt 11.4) und vielem mehr, das im späteren Verlauf dieses Buchs beschrieben wird – alles gestützt auf den agilen Werten (Abschnitt 11.1) und der Entwicklung eines Agilen Mindsets (Abschnitt 11.2) bei den Mitarbeitern.

5.1.4 Fehlende Reflexion

Es erfolgt keine Reflexion über die Prozesse und Praktiken. Ich habe einige Scrum Teams kennengelernt, die der Meinung waren, Retrospektiven seien Verschwendung von wertvoller Entwicklerzeit. Daher wurden die einfach gestrichen oder nur alle drei bis vier Sprints abgehalten.

Agile Praktiken leben aber von Inspizieren (Inspect) und Adaptieren (Adapt). Das bedeutet, im Scrum Team Retrospektiven nach jedem Sprint abzuhalten, um die Optimierung der selbstorganisierten Prozesse voranzubringen.

Das wichtigste Event in Scrum

Das wichtigste Event in Scrum ist die Retrospektive. Es kann in Ausnahmesituationen mal passieren, dass ein Daily Standup oder ein Sprint Review ausfällt. Aber die Retrospektive ist die Basis einer Weiterentwicklung des Teams. Ohne diese kommt es zu Stillstand und eingefahrenen Prozessen, wie sie bereits bestehen. Und wir wollen diese ja agilisieren, oder?

Dasselbe sollte auch für das Management gelten. Retrospektiven sind ein ideales Mittel, um Themen zu identifizieren, die die Arbeit behindern oder sogar verhindern, und Vorgehensweisen zu vereinbaren, um diese Impediments abzustellen.

Es sollte bei aller Energie, die auf die Aufarbeitung negativer Einflüsse verwendet wird, nicht vergessen werden, auch die Themen zu sammeln, die gut liefen. Auch hier sollten Vorgehen abgeleitet werden, die diese Punkte weiterhin erhalten oder sogar noch verstärken können.

5.1.5 Falsches Rollenverständnis

Einer der größten Fehler, die bei der Einführung von Scrum gemacht werden können, ist die Zulassung eines falschen Verständnisses der Rollen in Scrum.

Oft sind der Scrum Master oder der Product Owner gleichzeitig Projektmanager oder zumindest Teilprojektleiter. Manchmal übernimmt ein Entwickler die Rolle des Scrum Master neben seiner Entwicklertätigkeit.

Doppelrollen sollten auf jeden Fall vermieden werden, da bei Termin- oder Interessenkonflikten zwischen den beiden Rollen eine davon immer zurückgestellt werden muss. Und es ist egal, welche Rolle dabei den Kürzeren zieht, es ist immer schlecht für das Team und damit auch für das Produkt und den Kunden.

Ich empfehle, in der Anfangsphase der Einführung von Scrum einen Rollenworkshop zu veranstalten. Voraussetzung hierfür ist, dass jedes Teammitglied Scrum bereits theoretisch kennt.

Nun lasse ich die Teilnehmer folgende Themen ausarbeiten und dann diskutieren, um auf eine gemeinsame Sicht zu kommen:

- Welche Verantwortungen, Zuständigkeiten, Befugnisse und Lieferobjekte hat die Rolle des Product Owner?
- Welche Verantwortungen, Zuständigkeiten, Befugnisse und Lieferobjekte hat die Rolle des Scrum Master?
- Welche Verantwortungen, Zuständigkeiten, Befugnisse und Lieferobjekte hat die Rolle des Developer?

Diese Liste erweitere ich dann noch um die Rolle eventuell vorhandener Produktmanager, Projektleiter oder Teilprojektleiter, also alle Personen, die unmittelbar mit dem Team interagieren. Diese Rollen sind zwar keine Scrum-Rollen, jedoch erzeuge ich durch die Fokussierung darauf eine klare Abgrenzung zu unseren agilen Teamrollen.

Ich lasse dazu die Workshopteilnehmer ihre Vorschläge auf Moderationskarten oder Klebezettel notieren, diese der Workshopgruppe vorstellen, alle Vorschläge clustern, alles schriftlich in einer Art Rollenbeschreibung festhalten, um dadurch ein gemeinsames Verständnis der Rollen zu bekommen.

Die Ergebnisse werden später dokumentiert und dem Team zur Verfügung gestellt.

5.1.6 Über- oder Unterforderung

Wenn es im Team eine Über- oder Unterforderung Einzelner oder aller Teammitglieder gibt, ist dies ein Indiz dafür, dass unser Scrum-Team noch nicht gut schätzen und planen kann.

Es gibt jedoch noch einen weiteren Faktor, der in der Zusammenarbeit der Teammitglieder zu beachten ist. Das Einhalten des „Shu-Ha-Ri"-Prinzips (Bild 5.1).

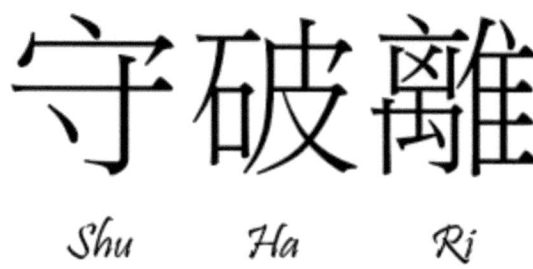

Bild 5.1 Die asiatischen Zeichen für das „Shu-Ha-Ri"-Prinzip

„Shu-Ha-Ri" ist ein Konzept aus dem Kampfsport. Es beschreibt drei Lernstufen zur Meisterschaft:

- „Shu" bedeutet: beschützen, verteidigen, einhalten und befolgen.
- „Ha" bedeutet: zerreißen und durchbrechen.
- „Ri" bedeutet: sich entfernen, sich trennen und abschneiden.

Dieses Konzept gibt es auch im mitteleuropäischen Handwerk:

- „Shu" = Lehrling; er muss die erforderlichen Grundfähigkeiten erlernen.
- „Ha" = Geselle; er beherrscht die grundlegenden Fähigkeiten und entwickelt sich weiter.
- „Ri" = Meister; er hat alles gelernt, was es zu lernen gibt, und entwickelt nun daraus eigene Fähigkeiten und Vorgehensweisen.

Wir benutzen dieses Konzept in agilen Frameworks wie Scrum in folgender Bedeutung:

- „Shu": Das Erlernen der Basis des agilen Frameworks.
- „Ha": Das Überschreiten der Form der Basis und Einsetzen des Gelernten.
- „Ri": Eigene, neue Wege finden, auf Basis des Gelernten.

Es gibt im agilen Umfeld eine wichtige Regel: Wenn zwei Personen (zum Beispiel beim „Pair-Programming") zusammenarbeiten, um voneinander zu lernen, sollten diese in Bezug auf die drei Stufen des Shu-Hi-Ri Modells immer nur eine Stufe voneinander entfernt sein. Es funktionieren also nur folgende Kombinationen:

- Lehrling (Shu) + Geselle (Ha)
- Geselle (Ha) + Meister (Ri)

Wenn sich zwei Personen der gleichen Stufe zusammentun, ist der Lerneffekt nicht groß genug, es kann sogar passieren, dass sie sich in Fehlentscheidungen gegenseitig bestärken.

Arbeitet ein Meister (Ri) mit einem Lehrling (Shu), sind diese zwei Stufen voneinander entfernt. Der Lehrling ist bald überfordert und der Meister genervt oder gelangweilt.

Jedes Teammitglied bewegt sich innerhalb dieser drei Stufen aufgrund der laufenden Selbstoptimierung des Teams regelmäßig auf und ab. Lernt ein Meister beispielsweise etwas komplett Neues von einem Teamkollegen, ist er auf diesem Gebiet zunächst ein Lehrling und muss erst wieder zwei Stufen erklimmen, ehe er Meister auf diesem Gebiet ist.

5.1.7 Die häufigsten Gegenargumente

Ich habe im Lauf meiner Jahre als Scrum Master und Agiler Coach so einige vorschnelle Argumente gegen Scrum gehört. Anbei die „Top Six". Diese Einwände sollten wir frühzeitig entkräften, um die ersten Widerstände aufzulösen.

1. **„Die Qualitätsanforderungen sind so hoch, dass wir einem festen Herstellungsplan folgen müssen."** Dieses Argument basiert klar auf einem falschen Verständnis von Scrum (Abschnitt 3.3) oder ein agiles Framework ist für dieses Projekt nicht die richtige Wahl (Abschnitt 2.2).

2. **„Unser Produkt ist so kompliziert, dass wir es vor Projektstart genau planen müssen."** Auch hier fehlt das Verständnis von Scrum. Hier ist der Scrum Master gefragt, die Projektbeteiligten entsprechend zu trainieren.

3. **„Wir haben schon sehr viel Budget in das Projekt gesteckt und können uns keine Experimente mehr leisten."** Auch hier fehlt anscheinend das Scrum-Verständnis. Außerdem ist der Punkt als Impediment zu behandeln. Es ist zu betrachten, warum so hohe Kosten entstanden sind und so wenig Ergebnisse dabei herausgekommen sind.

4. **„Die einzelnen Features sind so miteinander verdrahtet, dass wir nicht einzelne davon ändern können, ohne auch die andern zu ändern."** Dies ist ebenfalls ein Impediment. Wir sollten untersuchen, warum dies so ist. Können die User Storys nicht so geschnitten werden, dass sie möglichst unabhängig voneinander zu realisieren sind? Sind die User Storys oder Arbeitspakete vielleicht zu groß? Wie können wir modularer werden?

5. **„Unsere Zulieferer arbeiten auch nicht agil, sondern nach klassischen Modellen."** Hier sind die Kreativität des Teams und des Scrum Master gefragt, Schnittstellen zwischen den agilen Teamprozessen und der klassischen „Außenwelt" umzusetzen. Eine der Aufgaben des Scrum Master ist es auch, den Stake Holdern ein Verständnis zu übermitteln, wie das Team arbeitet, um dadurch Vorgehensweisen zu etablieren, die das Team unterstützen können.

6. **„Wichtige Prozesse und Zulieferungen benötigen länger als ein Sprint."** Auch hier ist die Kreativität des Scrum-Teams gefragt. Es besteht die Möglichkeit, User Storys und Arbeitspakete so zu schneiden, dass Zulieferungen, die außerhalb des Einflusses des Teams stehen, in eigenen Storys behandelt werden. So kann der Scrum Master transpa-

rent machen, dass die Sprintziele des Teams durch externe Einflüsse gefährdet werden und diese Tatsache dem Management unterbreiten. Gleichzeitig dient dies dem Schutz des Scrum Teams, um belegen zu können, dass die Teamkollegen ihre Arbeit gemacht haben, aber die Release-Termine durch externe Faktoren gefährdet wurden.

■ 5.2 Die erste Woche als „der Neue"

Wenn ich in eine Firma komme und die Vorgesetzten, das Team und das Umfeld zum ersten Mal kennenlerne, entdecke ich immer innerhalb kürzester Zeit sehr viele „Baustellen". Die Lust loszulegen und „den Laden aufzumischen" ist sehr groß. Unter dem Motto: „Die sollen endlich alle agil werden! Jetzt bin ich da! Auf geht's!", möchte man sofort die vorhandene Arbeitswelt und ihre Regeln ändern.

Halt!

Jetzt wie ein Wirbelwind in die historisch entstandene Firmenstruktur mit ihren Prozessen einzutauchen und zu versuchen, alles anders zu machen, wird aller Wahrscheinlichkeit auf heftigen Widerstand stoßen.

Diese augenscheinlich starren Strukturen sind nämlich für viele Mitarbeiter ihre Existenzberechtigung. Das klingt jetzt böse, aber es ist eine Tatsache. Ich habe in vielen großen Firmen Abteilungen kennengelernt, die sich ausschließlich mit sich selbst beschäftigten. Die Dienstleistung oder das Produkt des Konzerns würden viel früher und oft in höherer Qualität beim Kunden ankommen, wenn diese blockierenden „Informationssilos" nicht wären.

Viele Führungskräfte haben sich jahrelang auf der Karriereleiter nach oben gekämpft und versuchen nun, mit aller Gewalt das von ihnen Erreichte festzuhalten. Sie klammern sich regelrecht an Ihre Komfortzone und wollen keinerlei Änderungen. Der leider wahre Spruch „Wer nicht mit der Zeit geht, geht mit der Zeit" wird mit aller Macht verdrängt.

Beginnt nun „der Neue" die vorhandenen Arbeitsmodelle in Frage zu stellen, wird sofort heftiger Widerstand entstehen. Je länger es nämlich diese Führungskräfte, Teams oder Abteilungen gibt, desto mehr Beziehungen und Macht haben die Beteiligten, sonst hätten sie sich nicht so lange im Sattel halten können.

Und da kommen wir zum nächsten wichtigen Punkt: den „wahren Machtverhältnissen" im Unternehmen.

■ 5.3 Die wahren Machtverhältnisse

Jedes Unternehmen hat Diagramme, in denen die Hierarchiestrukturen mit Namen und Rollen der Verantwortlichen aufgeschrieben stehen. Diese sind in der Regel an einem für die Mitarbeiter gut erreichbaren Ort aufbewahrt, wie beispielsweise ein firmeninternes Intranet oder ein für alle Firmenangehörigen frei zugänglicher Sharepoint-Bereich.

Diese Informationen sind erst mal wichtig, um zu sehen, wer Vorgesetzter von wem ist und um ein Gefühl zu bekommen, mit wem man es in der nächsten Zeit so zu tun haben wird. Leider legen diese Aufzeichnungen selten die wahren Machtverhältnisse im Unternehmen dar.

Jeder Manager und Vorgesetzte hat immer einen Mitarbeiter oder Kollegen, auf den er bei bestimmten Fragestellungen oder der Lösung eines Problems am ehesten hört. Somit hat dieser direkt oder indirekt Einfluss auf die Entscheidungen dieser Führungskraft. Es ist für den Scrum Master sehr wichtig, diese „Influencer" ausfindig zu machen und als Sponsoren für Agilität und Scrum zu gewinnen.

Ich investiere die erste Zeit in einem neuen Projekt dafür, zuerst das Umfeld meines zukünftigen Teams kennenzulernen. Ich knüpfe Kontakte, erforschen, wer mir in Konfliktsituationen den Rücken stärken könnte und wer vom Management in höheren Ebenen als Unterstützer tätig werden könnte, wenn ich Hilfe bei schwierigen Veränderungen benötige.

Ein Fakt ist unumstößlich: Als Scrum Master kann ich versuchen, mit meinem Team die besten Veränderungen zu bewirken, kühne Ideen zu entwickeln und Agilität bis zum höchsten Grad zu erreichen. Aber wenn dann die entsprechenden Vorgesetzten der Teammitglieder nicht die für den Sprint benötigten (Zeit-)Ressourcen freigeben, vorhandene Firmenprozesse das Team extrem verlangsamen und immer wieder „Querschüsse" in Form von Abzug vorher zugesicherter „Manpower" passieren, wird sich das Team nur sehr schwer weiterentwickeln können. Die Gefahr, in alte Verhaltensmuster zurückzufallen, ist dann sehr groß.

Richtig umgesetzte Agilität, egal ob wir nun Frameworks wie Scrum, Kanban, LeSS, SAFe oder Scrum@Scale nutzen wollen, sollte sich im Idealfall wie ein hochansteckender Schnupfenvirus im Unternehmen ausbreiten. Es reicht nicht, in einer großen Firma im klassischen „Command and control"-Umfeld einfach ein Scrum Team zu etablieren. Dieses wird früher oder später an Grenzen stoßen, welche durch die an das Team angrenzenden Prozesse gesetzt sind.

Es gilt also auch behindernde Umgebungsprozesse „aufzuweichen", was wiederum nur möglich ist mit starker Rückendeckung von Personen, die im Unternehmen „das Sagen haben". Diese werden „Sponsoren" genannt.

■ 5.4 Agile Sponsoren finden

Habe ich nun die Personen identifiziert, auf die bei Entscheidungsfindungen gehört wird (Abschnitt 5.3), ist es wichtig, dafür zu sorgen, dass diese verstehen, was Agilität wirklich bedeutet und was wir mit dem Scrum Team erreichen möchten.

Natürlich gibt es auch hierfür kein „Kochrezept". Es sind Fingerspitzengefühl, Einfühlungsvermögen und Menschenkenntnis gefragt, Eigenschaften die einen guten Scrum Master ausmachen.

Ich habe für mich eine Sache gelernt, die mir in meinen letzten Jahren ungemein weitergeholfen hat: Erkenne die Werte der Person, die wir kennenlernen wollen und von der wir gerne Unterstützung haben möchten (Abschnitt 11.3). Wenn wir unser Vorhaben so präsentieren, dass die Werte dieser Person unterstützt werden, werden wir in der Regel auch die Unterstützung dieser Person erlangen.

 Wertearbeit

Jeder Mensch wird in seiner aktuellen Lebensphase von einigen wenigen Werten „gesteuert". Diese bestimmen unbewusst, was wir mögen, was wir verabscheuen, in welchen Situationen wir uns wohlfühlen und wann wir ein „flaues Gefühl" in der Magengegend haben, wenn wir etwas tun. Mittels „Wertearbeit" können diese „Antreiber" herausgefunden werden (Abschnitt 11.3).

Natürlich ist es in der Regel nicht möglich, dass wir nun mit jedem gewünschten „Sponsor" in die Wertarbeit gehen. Aber mit ein bisschen Gespür, aufmerksamem Zuhören und der entsprechenden Feinfühligkeit ist es möglich, eine ungefähre Marschrichtung zu ermitteln.

■ 5.5 Arbeitsplatz und Arbeitsmaterialien

Der Arbeitsplatz eines Scrum Master kann sehr unterschiedlich gestaltet sein. In der Regel wird er vom Auftraggeber (oder Vorgesetzten bei Festanstellung) zur Verfügung gestellt.

Ich persönlich bevorzuge einen Platz direkt im Büro meines Scrum Teams. Das Teambüro sollte ein Raum sein, in dem sich alle Beteiligten während der gemeinsamen Arbeit aufhalten. Also sollte dort der Scrum Master auch nicht fehlen, genauso wie der Product Owner.

Sollte der Arbeitsplatz des Scrum Master räumlich vom Team getrennt sein oder sogar die Teammitglieder nicht alle zusammensitzen, ist es wichtig, mit dem Management in eine Diskussion zu gehen und die Wichtigkeit eines gemeinsamen Teambüros zu erläutern.

Sollte dies im schlimmsten Fall nicht klappen, ist der Einfallsreichtum des Agilisten gefragt.

Ich persönlich rede dann mit dem Team, ob ich mich zeitweise an einen der Teamarbeitsplätze setzen darf. In der Regel gibt es in größeren Büros immer ein oder zwei freie Arbeitsplätze für Besucher oder Schreibtische, die gerade frei sind, wenn Kollegen im Urlaub oder krank sind.

Meistens stellen alle Firmen für Freiberufler Firmen-Laptops zur Verfügung und der Trend geht immer weiter weg von stationären Workstations, hin zu Arbeitsplatz-Sharing mit tragbaren Computern. Aus diesem Grund ist es kein großer Aufwand, einfach mit dem Laptop einen Platz im Teambüro zu finden und somit den Zugang zu den elektronischen Quellen der Firma zu gewährleisten. Oft nutze ich dann auch mal den Stehtisch der „Daily Scrum"-Events. Ich kann meine Arbeit ja auch mal zur Abwechslung stehend verrichten.

Was aber genauso wichtig ist als Handwerkszeug für den ambitionierten Scrum Master, ist ein Flipchart, um darauf Themen visualisieren zu können oder einfach mal ein persönliches Backlog mit Klebezetteln zu erstellen. Dazu kommen noch entsprechende Stifte (ich bevorzuge die mit Keilspitzen) und ein Paar Blöcke bunter Klebezettel in verschiedenen Größen.

Somit ist der Scrum Master für die ersten Herausforderungen gerüstet. Mehr Informationen zur Verwendung von Materialien sind in Abschnitt 10.3 zu finden.

Im Idealfall habe ich die Möglichkeit, mehrere Arbeitsplätze (mit)nutzen zu können. Eine Veränderung der Perspektive und des Blickwinkels ist immer spannend und führt oft zu neuen Erkenntnissen und Einblicken.

■ 5.6 Die eigene Arbeitsprozessorganisation

Als Scrum Master ist man auch für die Organisation der Team-Arbeitsstrukturen und der entsprechenden Arbeitsmaterialien zuständig. Das beinhaltet, ein Kanban-Board zu organisieren, Meetingräume oder das Teambüro auszustatten, Termine festzulegen, Einladungen auszusprechen, benötigte Klebezettel, Stifte, Pinnwände oder Flipchart-Papierrollen zur Verfügung zu stellen und Ähnliches mehr.

Darüber vergisst man aber leider sehr schnell, sich selbst entsprechend zu organisieren. Aber was für das Team gut ist, kann für den Scrum Master natürlich nicht verkehrt sein. Also ist es wichtig, dass er sich genauso gut organisiert, um (agil) auf jede Situation reagieren zu können.

Dabei unterscheide ich für mich persönlich drei Gruppen von Arbeitsprozessen, die entsprechend vorbereitet und organisiert werden sollten beziehungsweise für die entsprechendes Equipment benötigt wird:

1. **Physikalische Firmen-Arbeitsprozesse:** Dabei geht es um die Vorbereitung und Organisation von Workshops, Vorhandensein von Stiften, Klebezetteln und Ähnlichem, unter Nutzung der Ressourcen des Auftraggebers.
2. **Elektronische Firmen-Arbeitsprozesse:** Dabei geht es um die Möglichkeit, elektronische und virtuelle Ressourcen des Auftraggebers zu nutzen.
3. **Eigene Arbeitsprozesse:** Dabei geht es um das eigene Equipment, das man als Scrum Master mitbringt.

5.6.1 Physikalische Firmen-Arbeitsprozesse

Dazu gehört, ohne lange Vorbereitung für sein Team situativ die richtige Methode einsetzen zu können. Die Firmen stellen zwar in der Regel einiges an Büromaterial zur Verfügung, aber die Dinge, die für uns besonders interessant sind (bunte Klebezettel, schwarze Filzstifte, Flipchart-Papier) sind leider oft nur in Konferenzräumen vorhanden. Manchmal stößt der ambitionierte Scrum Master auf Unverständnis, wenn er im Sekretariat eine Liste mit Equipment für das Teambüro anfordert, das die Ausstattung einer modernen Trainingsagentur in den Schatten stellen würde.

Das sind ausreichend Klebezettel und Stifte für Workshops, Klebepunkte für Priorisierungen, Flipchart-Papier und Moderationskarten (Abschnitt 10.1). Ich habe zusätzlich immer einen gut gefüllten, eigenen Moderationskoffer (Abschnitt 10.2) dabei. Dadurch kann ich spontan eine Retrospektive, eine Planungsrunde, Ideenfindungsworkshops oder sonstige Aktivitäten durchführen, wenn mal das entsprechende Material nicht im Haus verfügbar ist.

Auch auf die Ausstattung des Teambüros ist zu achten. Flipchart-Ständer, ein White Board und ein Stehtisch für die „Daily Standups" sollten zumindest vorhanden sein. Details zu den Teamräumlichkeiten sind in Abschnitt 7.2 zu finden.

5.6.2 Elektronische Firmen-Arbeitsprozesse

Dazu gehört alles, was wir benötigen, um mit den (elektronischen) Ressourcen des Teams und der Firma arbeiten zu können. In der Regel stellt der Auftraggeber dem Scrum Master einen firmeneigenen, idealerweise tragbaren Rechner zur Verfügung. Auf diesem ist die Software installiert, die als Firmenstandard definiert wurde. Das sind Programme wie „Microsoft Outlook" für den E-Mail-Verkehr, „Jira" für die Verwaltung der verschiedenen Team Backlogs und User Stories sowie „Confluence" für Dokumentationen, „Skype for Business" oder „Zoom" als Video- und Telefonkonferenz-Tool sowie das „Microsoft Office Paket" für die Erstellung von Schriftstücken und Präsentationen.

Ich schreibe hier übrigens über mittlere und große Unternehmen, in denen diese oft sehr kostenintensiven Softwarepakete bereits Konzernstandard sind. In kleinen Firmen oder Start-Ups werden dagegen meistens Freeware-Programme oder günstige Online-Alternativen bevorzugt. Mehr Informationen zu verschiedenen elektronischen Werkzeugen und Software sind in Kapitel 13 zu finden.

5.6.3 Eigene Arbeitsprozesse

Gerade als selbstständiger Scrum Master ist es wichtig, Equipment und Vorgehensweisen zur Verfügung zu haben, mit denen Alltagssituationen gemeistert werden können. Es passiert regelmäßig, dass Firmenequipment aufgrund von Konzernsicherheitsvorgaben nicht den benötigten Funktionsumfang hat. Auch die Performance oder Qualität einzelner Komponenten ist oft ungenügend, weil sie gleichzeitig von vielen Mitarbeitern genutzt werden oder die Software nicht auf dem neuesten Stand ist.

Daher ist es ratsam, seinen eigenen, gut funktionierenden tragbaren Rechner zu haben, auf den man für Videokonferenzen oder Workshops jederzeit ausweichen kann.

 Die Corona-Phase

In Zeiten der Arbeitseinschränkungen während der Corona-Pandemie arbeiteten und arbeiten wir sehr viel mit Videokonferenzen per „Zoom" oder „Skype". In der Anfangsphase waren die Server meiner Kunden oft überlastet, da sie in der Regel bisher nicht von so vielen Mitarbeitern gleichzeitig genutzt worden waren. Also hatte ich als „Backup" die Software „Zoom" zusätzlich auf meinem MacBook, meinem iPad und meinem iPhone installiert und konfiguriert.

In der Regel hielt ich dann meine Remote-Events über meinen eigenen Laptop ab. Musste ich verschiedene Dinge zeichnen und damit grafisch erklären, wählte ich mich zusätzlich mit dem iPad als Teilnehmer mit dem Namen „White Board" in die Session ein, konnte meinen Bildschirm dann mit den anderen Teilnehmern teilen und sehr komfortabel mit einem Stift auf dem iPad zeichnen.

Für unterwegs hatte ich dann immer noch mein iPhone. Mittels Kopfhörer/ Freisprecheinrichtung war auch dies eine sehr gute Alternative, um spontan ein Meeting zu organisieren und abhalten zu können.

Mehr Details dazu sind in „Der Remote Scrum Master" (Kapitel 12) zu lesen.

In unseren modernen Zeiten gibt es bereits eine Menge Internet-Cloud-Lösungen. Diese speichern Kalenderdaten und Dokumente für uns ab. Somit können wir jederzeit auf diese zugreifen, egal ob über den eigenen Rechner, das Mobiltelefon, einen Kundenrechner oder das Tablet.

Zusätzlich nutze ich auch gerne ein persönliches Taskboard, entweder ein Flipchart-Blatt mit Klebezetteln in meinem Büro bzw. Arbeitszimmer oder eine elektronische Variante. Ich habe für mich die App „Post-It" entdeckt. Eine einfache, rudimentäre Taskverwaltung in Form von bunten Klebezetteln, die man beliebig beschriften und anordnen kann. Die Ablage erfolgt lokal oder in einer Cloud-Lösung. Somit habe ich immer mein eigenes, priorisiertes Backlog im Zugriff (Link dazu in Abschnitt 13).

5.6.4 Remotearbeitsprozesse

Es gab in letzter Zeit immer wieder Fragen, wie ich als Scrum Master in Zeiten von eingeschränkter Büronutzung (zum Beispiel während der Corona-Pandemie) mit meinen Kunden und Teams gearbeitet habe. Agilität lebt ja von Anwesenheit.

Ich war zu Anfang auch sehr skeptisch, ob dies funktionieren könnte, jedoch später überrascht, dass es tatsächlich möglich war, mit nur wenigen Anwesenheitsterminen, Teams als Scrum Master effektiv zu unterstützen.

Für Remotemoderation kommt es natürlich nicht nur auf die Auswahl der technischen Ausstattung und der Softwareprogramme an, sondern auch auf die Entwicklung eines guten Spürsinns. Wir arbeiten dabei in erster Linie per Videochat, der kaum körpersprachliche Signale überträgt, weil meistens nur das Gesicht der Teilnehmer zu sehen ist. In Telefonkonferenzen bekommen wir dann überhaupt nichts vom Gesprächspartner zu sehen. Daher gilt es in erster Linie, aus dem Ausdruck der Stimme, der Gesichtsmimik (wenn vorhanden) und der Wortwahl der Person am anderen Ende der Leitung entsprechende Signale über die Verfassung des Sprechers zu erschließen.

Die Technik für Remotearbeit ist in den meisten Firmen bereits vorhanden. Riesige Plasma-Fernsehgeräte mit automatischen Videokameras und modernste „Telefonkonferenz-Spinnen" auf den Konferenztischen warteten auf ihren Einsatz. Trotzdem habe ich oft erlebt, dass Manager wegen einer 1-Tages-Konferenz teure Inlandsflüge inklusive der entsprechenden Übernachtung vom Sekretariat für sich buchen ließen.

Die Corona-Pandemie 2020 hat nun viele Firmen gezwungen zu überlegen, wie diese Technik sinnvoll eingesetzt werden kann, wenn die Mitarbeiter daheim, im „Home Office", arbeiten müssen. Und alle haben gelernt, dass es auch ohne Anwesenheitspflicht in den definierten Arbeitskernzeiten funktioniert.

Was viele Unternehmen dabei überrascht hat: In manchen Bereichen, wie beispielsweise in der Softwareprogrammierung, wurde von zu Hause aus effektiver und besser gearbeitet als vom Arbeitsplatz im Firmenbüro. Ich persönlich finde es schade, dass es solch einer weltweiten Krise bedarf, um in Mitteleuropa klarzumachen, dass die seit Jahren in Amerika und im asiatischen Raum erfolgreich praktizierten Remote-Arbeitsprozesse auch bei uns funktionieren.

Bezüglich der technischen Arbeitsmittel, haben sich für Video-/Telefonkonferenzen die Softwarewerkzeuge „Zoom", „Wire" und „Skype" durchgesetzt. Dazu kommen noch verschiedene Online-Produkte, die physikalische Pinnwände ersetzen, wie „Easyretro", „Miro" oder „Scrumblr" (Kapitel 13).

Der Vorteil vieler Softwareprodukte ist, dass sie sowohl auf gängigen Rechnern als auch auf Tablets und Mobiltelefonen nutzbar sind, unabhängig vom verwendeten Betriebssystem.

Somit ist es theoretisch egal, wo auf der Welt sich der Mitarbeiter gerade aufhält. Ich kann mich in mein Arbeitszimmer setzen, aber genauso gut an einen Meeresstrand oder in die Gartenlaube, solange ich nur eine leistungsfähige Internetverbindung habe.

 Mein Remote Equipment

Meine Hardware für Remote-Einsätze besteht aus einem Apple-Laptop, auf dem ich alle Sessions initiiere (Wire, Zoom, Skype etc.). Zusätzlich nutze ich ein iPad, um mich damit zusätzlich in meine eigene Session als Teilnehmer „White Board" einzuwählen. Die meistens Videochatsoftwareprodukte haben zwar ein eigenes Whiteboard, auf dem gezeichnet werden kann, aber auf dem iPad funktioniert das mit einem entsprechenden Stift einfach besser als mit der Maus auf dem Rechner.

Zusätzlich nutze ich das iPad auch als digitalen Schreibblock, um mir schnell mal Notizen machen zu können. Mein iPhone nutze ich dann eben für Telefonkonferenzen oder als Back-up-Gerät, sollte mal eine Verbindung mit Laptop oder iPad nicht klappen.

Mehr Details zur Arbeit und zum Equipment eines Remote Scrum Master sind in Kapitel 12 nachzulesen.

■ 5.7 Die Außenwirkung

Wir alle leben in Systemen. Das bedeutet, alles um mich herum steht mit mir in einer Wechselwirkung. Alles, was ich mache, hat Auswirkungen auf mein System und das System anderer Personen. Selbst wenn ich gar nichts tue, hat dies einen Effekt nach außen (Abschnitt 11.8.1).

Wie glaubhaft ist ein Scrum Master, der seine Arbeit geheim hält, anstatt Transparenz zu leben? Wie authentisch ist er, wenn ihm die Probleme anderer egal sind, anstatt sich für sie zu interessieren? Und welche Vorbildfunktion hat er, wenn er heimlich Tratsch und Gerüchte unterstützt, anstatt die Beteiligten für eine offene Aussprache und gemeinsame Problemlösung an einen Tisch zu holen?

Genau. Das wäre keine gute Außenwirkung für einen Agilisten. Somit sind wir schon beim Thema Außenwirkung.

Wie oft sehen wir Menschen, die eine Rede halten, bei der wir aber das seltsame Gefühl haben, dass diese Person die Worte nicht so meint wie sie diese sagt. Umgangssprachlich reden wir von: „Wir nehmen ihm das nicht ab." Andererseits gibt es Redner, die uns begeistern, die uns regelrecht in ihren Bann ziehen. Wie funktioniert das?

Das Stichwort ist „Authentizität". Wenn jemand etwas spricht oder tut und wir das Gefühl haben, der Mensch verstellt sich dabei nicht, sondern meint es auch so, wirkt das in unseren Augen „echt", also „authentisch".

Daher empfehle ich jedem Scrum Master, Agilität auch wirklich zu leben und zu lieben, sonst kommt er sehr schnell an einen Punkt, an dem sein Team merkt, das alles nur Show ist. Wenn jemand nicht bereit ist, an sich und seinem Agilen Mindset zu arbeiten und sich weiterzuentwickeln, hat er, so hart es klingt, nichts im agilen Umfeld verloren. Alles, was der Scrum Master tut, hat nun mal mit agiler Menschenführung zu tun.

Also ist es sehr wichtig, sich in seiner Rolle als „Enabler" des Teams immer bewusst zu sein, die Werte und Praktiken zu repräsentieren und vorzuleben, die man von seinem Team erwartet.

6 Die ersten Tage mit dem neuen Team

■ 6.1 Bitte mit Handbremse!

Es ist ganz normal, dass wir uns in den ersten Tagen eines neuen Jobs selbst unter Druck setzen. Man hat das Gefühl, alle beobachten einen und warten ab, was man leistet. Daher möchte man möglichst schnell Ergebnisse erzielen, die beweisen, dass man der richtige für den Job ist.

Genau hier liegt jedoch der Fehler. Wir laufen los, versuchen schnell Dinge zu verändern und merken erst später, dass wir zwar einen „Quick-Win" gemacht haben, aber auf lange Sicht gesehen das Vorgehen nicht in das „große Ganze" passt.

Dieses „große Ganze" ist:

- Die „Agilisierung" jedes einzelnen Teammitglieds auf eine für sie oder ihn passende Weise
- Die „Agilisierung" des gesamten Teams als Einheit
- Ein „High-Performance-Team" zu formen
- Ein Team zu formen, das mehr Spaß an der Arbeit hat

Zuerst sollten wir dazu einen Überblick über die aktuelle Lage des Teams und das entsprechende Umfeld bekommen und erst dann die dafür notwendigen Maßnahmen davon ableiten. Diese können danach dem Auftraggeber zur Abstimmung vorgelegt werden.

Somit sieht dieser, dass wir nicht nur strukturiert vorgehen, sondern auch mit Weitsicht versuchen, nachhaltige Lösungen zu erreichen. Von Kunden, die an schnellen Ergebnissen interessiert sind, ohne diese mit Weitsicht zu planen, würde ich ohnehin die Finger lassen. Diese Menschen sorgen nur für Stress und Ärger und haben nicht verstanden, dass „Agilisierung" ein langfristiger Prozess ist.

Zum Abstecken des Ist-Zustands empfehle ich eine Vorgehensweise, die in den folgenden Abschnitten detaillierter beschrieben wird:

1. Die Teammitglieder kennenlernen
2. Die Teamstrukturen erforschen, durch
3. Prozessvisualisierung
4. Prozessretrospektive

5. Feststellung des agilen Reifegrads des Teams

6. Check des Teamumfelds

■ 6.2 Die Teammitglieder kennenlernen

Um die Teammitglieder besser kennenzulernen, vereinbare ich mit jedem ein Einzelgespräch („One-to-One"). Das mag manchmal sehr zeitaufwendig sein, rechnet sich später aber. Die Kolleginnen und Kollegen fühlen sich dadurch nämlich wertgeschätzt, immerhin ist es nicht oft der Fall, dass sich jemand so viel Zeit für jeden einzelnen nimmt. Und sie fühlen sich – was ich am wichtigsten finde – persönlich abgeholt. Ich empfehle, genug Zeit einzuplanen, damit das Gespräch Raum hat, sich zu entwickeln und plane pro Gesprächsrunde 45 Minuten ein sowie unmittelbar danach 30 Minuten zu meiner persönlichen Nachbearbeitung.

Wie sieht nun so ein Kennenlerngespräch im Idealfall aus?

Da jeder Mensch verschieden ist, gibt es kein Idealrezept. Aus meiner Erfahrung kann ich jedoch eines verraten: Persönliches Interesse ist das A und O der Kommunikation. Wenn wir als Scrum Master Vertrauen aufbauen können, ist es nur mehr ein kleiner Schritt zu den eigentlichen fachlichen Themen.

Ich habe mir für diese Art der Gespräche einen gewissen Ablauf erarbeitet. Ich kenne Kollegen, die das komplett anders machen und auch damit erfolgreich sind, aber ich habe mit dieser Art des Vorgehens als grobe Leitlinie seit Jahren gute Erfolge erzielt.

6.2.1 Vorgehen „One-to-One"

Dies ist mein persönliches Vorgehen für ein Kennenlerngespräch eines mir bisher noch unbekannten Teammitglieds.

Phase 1 – Einstieg

Als Einleitung erkläre ich kurz das Ziel dieses Treffens. Dies ist in der Regel der Wunsch, mein Gegenüber besser kennenzulernen, zu erfahren, wie diese Person sich im Team fühlt und was die Aufgaben des Teammitglieds sind. Ich betone dabei immer, dass unser Gespräch vertraulich bleibt. Niemand erfährt etwas über die Inhalte oder Ergebnisse.

Ich frage dann auch nach Themen, bei denen es „hakt". Gibt es Probleme oder Unstimmigkeiten zwischen einzelnen Kollegen oder Vorgesetzten, Behinderungen des Teams durch Nicht-Teammitglieder und vieles mehr. Diese Themen ergeben sich im Gespräch, ganz ohne Mühe, wenn das oben angesprochene Grundvertrauen gegeben ist.

Phase 2 – Vorstellung meiner Person

Ich stelle mich vor, erzähle, was ich beruflich und privat bisher so gemacht habe und warum ich nun hier als Scrum Master tätig bin und sein will. Die Art, wie ich mich vorstelle, gibt automatisch einen Rahmen vor, der von meinem Gegenüber unbewusst mit übernommen wird.

Dies ist auch so bei Vorstellungsrunden in der Gruppe. Wenn ich beispielsweise erzähle, was für ein Haustier ich habe, werden die meisten Teilnehmer auch erzählen, ob sie ein Haustier haben und welches.

Daher sollte ich mir bewusst sein, in welcher Form ich mich vorstelle und dass ich das von mir preisgeben sollte, was ich auch von meinem Gegenüber gerne wissen möchte.

Phase 3 – Vorstellung meines Gesprächspartners

An dieser Stelle stellt sich nun mein Gegenüber vor. Diese Phase ist für uns wichtig, weil wir nun genau hinhören sollten, was die Person erzählt und vor allem wie sie es erzählt.

Aus dem „Was" können wir oft neue Fragen formulieren, bei Themen nachhaken, die wir genauer beleuchten wollen. Dadurch erhalten wir mehr „Fragestoff" und unser Gegenüber merkt, dass wir uns für ihn nicht nur oberflächlich interessieren.

Aus dem „Wie" erfahren wir, welcher Kommunikationstyp unser Gesprächspartner ist. Dies ist wichtig, um später in weiteren Treffen, Coachings oder Schulungen auf die Kommunikationsebene dieser Person Rücksicht nehmen zu können. Details, welche Kommunikationstypen es gibt, wozu wir diese Information benötigen und wie wir erkennen, welcher Typus unser Gegenüber ist, sind in Abschnitt 11.4 nachzulesen.

Phase 4 – Teamstatus hinterfragen

Nun gehen wir noch einmal genauer auf die Rolle unseres Gesprächspartners im Team ein. Wir fragen, welche Rolle er im Team spielt, wo er sich selber sieht. Daraus können wir oft schon heraushören, ob sich die Person wohl fühlt oder vielleicht fehl am Platz. An dieser Stelle erkennen wir manchmal schon erste Rollenkonflikte (Abschnitt 11.7).

Phase 5 – Themenzusammenfassung

Nun fasse ich noch einmal alle besprochenen Themen und Fakten zusammen und erläutere, was ich glaube, aus dem Gespräch herausgehört zu haben. Das ist wichtig, damit mein Gesprächspartner noch einmal hören kann, was ich aus diesem One-to-One mitnehme und ob alles richtig verstanden wurde. Und natürlich betone ich, dass ich mich freue, mit ihm und dem Team in Zukunft zusammenarbeiten zu dürfen.

Dieser Ablauf klingt jetzt strukturiert und sehr theoretisch und soll ja auch nur ein Gedankenanstoß für das eigene Vorgehen sein. Wenn ich mir aber vor einem Gespräch solch eine Struktur stichwortartig auf einen Zettel notiere, habe ich einen roten Faden für die Gesprächsführung und kann mich mehr auf die Inhalte konzentrieren.

Ich empfehle, zu jedem Teammitglied ein paar Notizen zu machen. Dazu erstelle ich mir eine Excel-Tabelle, in der ich Name, Kommunikationsinformationen wie Telefonnummer und E-Mail und ein paar Notizen zum Kommunikationstyp (Abschnitt 11.4.3) sowie Vorlieben und herausstechende Charaktereigenschaften notiere. Später, wenn wir die einzelnen Teammitglieder besser kennen, wird diese Liste unnötig, aber in den ersten Tagen lernen wir viele neue Menschen kennen und da ist es extrem anstrengend, sich alle wichtigen Informationen gleich zu merken und da nicht durcheinanderzukommen. Die Tabelle entlastet mich persönlich diesbezüglich schon sehr.

■ 6.3 Die Teamstrukturen erforschen

Sobald ich nun alle Gespräche mit den Teammitgliedern absolviert habe (Abschnitt 6.2), geht es daran, die bisherige Zusammenarbeitsweise des Teams zu betrachten. Dies betrifft sowohl gut funktionierende als auch behindernde Aspekte der internen Teamprozesse.

Um das bisherige Zusammenarbeitsmodell kennenzulernen und auch dem Team noch mal transparent zu machen, wie es arbeitet und was verbesserungswürdig ist, veranstalte ich gerne einen 1-Tages-Workshop, der aus zwei Teilen besteht:

1. **Prozesszustandsvisualisierung:** Hier werden die aktuellen Team-Arbeitsprozesse visualisiert.

2. **Prozessretrospektive:** Hier werden diese genauer beleuchtet und retrospektivisch durchgearbeitet.

Ich empfehle, dass beide Teile der Veranstaltung, unterbrochen durch eine Mittagspause, an einem Tag durchgeführt werden. Die Ergebnisse vom ersten Eventteil sind dann noch als Basis für den zweiten frisch im Gedächtnis verankert.

6.3.1 Prozessvisualisierung

Diese Veranstaltung führen wir idealerweise vormittags durch, um den Nachmittag für die Folgeveranstaltung (Abschnitt 6.3.2) zur Verfügung zu haben.

- **Ziel des Events:** Eine gemeinsame Sicht (Visualisierung) der bestehenden Teamzusammenarbeitsmodelle (Teamprozesse) und eine Liste der Teile, die es noch zu diskutieren/klären gilt, weil sie nicht klar sind für das Team.

- **Vorbereitung:** Klebezettel und Stifte für jeden Teilnehmer. Eine entsprechend große Wand, um das „Big Picture" mit den Klebezetteln darstellen zu können.

- **Dauer:** Je nach Gruppengröße 90 – 240 Minuten.

- **Ablauf:**

  - *Schritt 1:* Time-Box 15 Minuten. Jeder Teilnehmer beschreibt in diesem Zeitraum seine persönlichen Arbeitsprozesse. Dazu wird pro Aufgabe, die er im Team hat, ein Klebezettel in einer bestimmten Farbe, beispielsweise Grün, beschriftet. Nun schreibt er pro Lieferobjekt, das er zu liefern hat, ebenfalls je einen Zettel, diesmal in einer anderen Farbe, zum Beispiel Gelb. Danach werden noch alle Zulieferungen beschrieben, die er benötigt, um seine Aufgaben zu erfüllen. Diese werden auf orangene Zettel geschrieben

  - *Schritt 2:* Time-Box 5 Minuten pro Teilnehmer. Nun hat jeder Teilnehmer 5 Minuten Zeit, der Gruppe sein Modell vorzustellen. Dazu werden zuerst die grünen Zettel (Aufgaben) an die Wand geklebt. Der Abstand zueinander sollte groß genug sein, dass noch weitere Klebezettel dazwischen passen.

    Jetzt erklärt der Vortragende zu jeder Aufgabe, um was es dabei genau geht, welche Zulieferungen (orangene Klebezettel) er dafür benötigt und wie die Ergebnisse (Lieferobjekte, gelbe Zettel) aussehen. Alles wird in der entsprechenden Abhängigkeit und Relation zueinander an der Wand befestigt. Als Ergänzung können noch mit einer vierten Farbe Zettel mit Richtungspfeilen aufgeklebt werden, um den entsprechenden Durchfluss des Prozesses darzustellen.

 Klebezettel vs. Schnüre

Manche Kollegen nehmen Schnüre, um Abhängigkeiten zwischen verschiedenen Klebezetteln an einer Präsentationswand zu beschreiben. Diese können an beiden Enden mit Klebepunkten befestigt werden. Ich persönlich mache das jedoch nicht. Das Bild, das sich mit der Zeit ergibt, wenn jeder seine Prozesse

> vorstellt, verändert sich nämlich laufend. Und da wäre es mir ein zu großer
> Aufwand, mit Schnüren zu hantieren und diese kürzen oder verlängern zu
> müssen oder mit neuen Klebepunkten zu fixieren. Oft kleben diese Punkte
> auch nicht so gut wie die Klebezettel. Mit einem einfachen, selbstklebenden
> Zettel, auf dem ein Pfeil aufgezeichnet wird, spart man da viel Zeit.

Wenn während des Vortrags eines Workshopteilnehmers Unklarheiten auftauchen, sollten diese nicht von der Gruppe diskutiert, sondern vom Scrum Master notiert werden. Auch dafür nutze ich Klebezettel, die auf einem separaten Teil der Wand von mir befestigt werden, den ich mit einem Fragezeichen (natürlich auch auf einem Klebezettel) markiert habe. Dies sind dann die Diskussionsthemen für die später folgende Prozessretrospektive.

- *Schritt 3:* Time-Box 45 – 80 Minuten. Nun beginnt die Teilnehmergruppe gemeinsam die „Zettel-Inseln" der Personen, die ihre Prozesse vorgestellt haben, miteinander zu verbinden, um zu sehen, wie nun was zusammenhängt. Durch diese Visualisierung entsteht ein großes Bild („Big Picture") an der Wand, das die Arbeitsprozesse des Teams darstellt. Fehlende Schritte kommen zum Vorschein, nicht passende Prozesse oder Lieferobjekte werden dadurch erkannt. Die Gruppenarbeitsprozesse werden somit hoch transparent.

 Time-Box-Disziplin

Durch die Festlegung eines festen Zeitslots, der „Time-Box", werden die Beteiligten gezwungen, „auf den Punkt" zu kommen. Dabei ist es wichtig, dass die Time-Box zur festgelegten Zeit endet, egal ob die Person mit ihrem Vortrag fertig ist oder nicht. Spätestens die dritte Person wird bei einem Serienvortrag dann darauf achten, den Time-Slot einzuhalten, weil alle erlebt haben, dass der Scrum Master nach Ende der Zeit den Vortrag einfach abbricht. Diese Vorgehensweise sorgt auch dafür, dass Personen, die sich gerne reden hören, gebremst werden. Ist ein Thema innerhalb der Time-Box nicht beendet worden, wird es ans Ende der Veranstaltung gestellt und dort behandelt, wenn noch Zeit übrig ist.

- **Dokumentation:** Die Ergebnisse werden nach der Veranstaltung vom Scrum Master dokumentiert (Fotodoku). Dies dient als Basis für den nun folgenden Workshop, der Prozessretrospektive. Idealerweise findet der nächste Workshop im selben Raum statt, da hier an der Wand gleich weitergearbeitet werden kann.

6.3.2 Prozessretrospektive

Dieses Event wird idealerweise am selben Tag wie die Prozessvisualisierung durchgeführt.

- **Ziel des Events:** Verfeinerung des „Big Pictures" aus dem vorherigen Prozessvisualisierungs-Workshop. Danach werden Aktivitäten zur Optimierung der Prozesse abgeleitet.

- **Vorbereitung:** Klebezettel und Stifte für jeden Teilnehmer. Klebepunkte. Ergebnisse der Prozessvisualisierung müssen vorliegen. Idealerweise wird der Workshop vor der Ergebniswand des vorherigen Events stattfinden. Jeder Punkt der Liste der zu diskutierenden Themen liegt als einzelner Klebezettel vor.

- **Dauer:** Time-Box 90 – 240 Minuten, je nach Anzahl der zu diskutierenden Themen und der Teilnehmerzahl.

- **Ablauf:**

  - *Time-Box 10 Minuten:* Alle Teilnehmer nehmen sich gemeinsam noch einmal Zeit, das „Big Picture" zu betrachten. Danach klebt der Scrum Master die Karten mit den noch offenen Themen, das sind die mit dem „Fragezeichen" aus der Prozessvisualisierung, gut sichtbar an eine zweite Wand.

  - *Time-Box 5 Minuten:* Jeder Teilnehmer hat nun die Möglichkeit, eine feste Anzahl Punkte auf diese Diskussionskarten zu verteilen. Je wichtiger ihm ein Klebezettel erscheint, desto mehr Punkte darf er daran befestigen (Klebepunkte). Die Anzahl der von jedem Anwesenden zu verteilenden Punkte hängt von der Anzahl der Themen ab. Ich nutze gerne eine 1 : 1-Beziehung. Habe ich zum Beispiel zwölf Themen, darf jeder Teilnehmer insgesamt zwölf Punkt auf alle Karten verteilen. Sollten keine Klebepunkte vorhanden sein, können die Punkte auch alternativ mit einem Stift auf die entsprechenden Klebezettel aufgemalt werden.

    Im nächsten Schritt verschiebe ich die Karten so, dass die mit der höchsten Punktezahl oben an der Wand klebt und die mit der niedrigsten Punktezahl sich ganz unten befindet. Damit ist die Themenpriorisierung erfolgt und wir arbeiten nun jedes Thema, beginnend mit dem wichtigsten ganz oben, ab.

  - *Time-Box 45 – 240 Minuten:* Wir besprechen nun die Themen, beginnend mit dem am höchsten priorisierten, und beschließen, wie damit zu verfahren ist. Dies wird mit den folgenden Themen so lange gemacht, bis entweder für jedes Thema ein Vorgehen beschlossen wurde oder die Time-Box des Events abgelaufen ist.

- **Dokumentation:** Neben der Fotodokumentation des „Big Picture" werden alle Beschlüsse so aufgeschrieben, dass eine Weiterverfolgung vereinfacht wird. Dies können beispielsweise User Storys sein, die in den kommenden Sprints umgesetzt werden.

6.3.3 Feststellung des agilen Reifegrads des Teams

Es ist wichtig, festzustellen, wie der „agile Reifegrad" eines Teams oder einer Gruppe, die zum Team werden soll oder gerade wird, aktuell ist. Dadurch erkennt der Scrum Master, wohin das Team sich weiterentwickeln möchte und sollte. Außerdem lassen sich daraus die ersten Aktivitäten zur agilen Team-Entwicklung ableiten.

Die Teamreifegradfeststellung funktioniert aus meiner Erfahrung am besten, wenn wir als Scrum Master die ersten „One-to-One"-Gespräche (Abschnitt 6.2.1) mit den Kolleginnen und Kollegen hatten und bereits eine erste Vertrauensbasis aufgebaut wurde. Außerdem sollte das Team bereits wissen, was Agilität bedeutet, und begonnen haben, ein Agiles Mindset (Abschnitt 11.2) zu entwickeln. Dann sind die Teammitglieder auch eher bereit, zu sagen, „was Sache ist".

Ich nutze zur Feststellung des agilen Status eines Teams einen selbst entwickelten Fragebogen mit 38 Fragen, das „Agile Reifegradradar" (Abschnitt 13.3.1), den ich in Excel erstellt habe.

Jedes Teammitglied füllt die Seite 2 des Fragebogens (Bild 6.1) aus und sendet ihn mir danach zu.

Agiles Reifegradradar

Datum			Teamname					
	Ist (0-4)	**Soll (0-4)**	**DIFF**	**Verhindert (0)**	**In Transition (1)**	**Nachhaltig (2)**	**Agil (3)**	**Perfekt (4)**
Agilität	0	0	0	Keine Agilität vorhanden	Wir erarbeiten uns gerade eine Mechanik einer bestimmten Methodik, die Agilität unterstützt (z. B. Scrum, Kanban, SAFe, Enterprise Agility, XP usw.)	80% des Teams können die Funktionsweise und die Vorteile von Agilität und einer bestimmten Methodik erläutern. Das Team verbessert sich regelmäßig	Das Team arbeitet agil	Das Team sucht aktiv NEUE Wege um agil zu arbeiten
Moral	0	0	0	Regelmäßiges Auftreten von Verhaltensweisen wie Schuldzuweisungen, Fingerzeigen, Verleugnung, Wut, Schreien, passive Aggressivität und / oder Sündenbock suchen. Aktiver Widerstand gegen Veränderung. Es gibt Abwanderung oder die Leute beziehen sich häufig darauf, dass sie aufhören oder wie sehr sie ihre Arbeit oder ihr Arbeitsumfeld nicht mögen.	Es gibt immer noch Elemente des vorherigen Zustands, aber es gibt stetige Fortschritte in Bezug auf diese Verhaltensweisen, Probleme werden aktiv angegangen und es besteht das allgemeine Gefühl, dass sich die Moral verbessert	Die meisten Teammitglieder verstehen sich gut und haben Spaß an der Arbeit.	Das Team ist im Allgemeinen fröhlich, engagiert, produktiv und arbeitet aufrichtig gerne zusammen	Die meisten Teammitglieder sind der Meinung, dass dies eines der besten Teams ist, an dem sie jemals gearbeitet haben. Sie freuen sich darauf, zur Arbeit zu kommen und freuen sich auf den nächsten Tag, wenn sie gehen.
Team-work	0		0	Nicht existent	Teamwork verbessert sich, es gibt noch Einzelkämpfer	Teamwork ist gefühlt zu mindesten 70% vorhanden, es gibt noch Einzelkämpfer	Teamwork ist gefühlt zu mindestens 80% vorhanden, es gibt keine Einzelkämpfer	Jeder Einzelne und jeder andere im Team glaubt, dass der andere die erforderlichen Fähigkeiten und eine hohe Integrität besitzt, zuverlässig ist, Erfolg haben will und hilft die Ziele zu erreichen
Team-stufe	0	0	0	"FORMING": Neues Team oder ein Teammitglied ist gerade gegangen oder wurde hinzugefügt.	"STORMING": Das Team fängt gerade an, herauszufinden, wie man zusammenarbeitet, und es gibt ungewöhnlich viele Konflikte.	"NORMING": Das Team hat größtenteils herausgefunden, wie man als Team zusammen-arbeitet, und ist auf dem besten Weg, Höchstleistungen zu erbringen.	"PERFORMING": Haben seit mindestens 8 Wochen konstant gearbeitet	"PERFORMING": Haben in den letzten 6 Monaten konstant gearbeitet
Arbeits-tempo	0	0	0	Die Menschen sind müde, gereizt, ausgebrannt und machen regelmäßig Überstunden. Die aktuelle Situation gilt als normal in der Firma oder Abteilung.	Es wird anerkannt, dass das derzeitige Tempo nicht nachhaltig ist und Schritte unternommen werden, um die Situation zu verbessern.	Einigkeit besteht darin, dass das Team in einem Tempo arbeitet, das nahezu unbegrenzt nachhaltig ist, obwohl die Arbeitsergebnisse immer noch zur hohen Arbeitslast passen	Das Team hat Unterstützung von der Organisation, um in einem nachhaltigen Tempo zu arbeiten. Einigkeit besteht darin, dass die Ergebnissein 80% der Fälle im Einklang mit der Arbeitslast stehen	Die Firma und das Team unternehmen aktiv Schritte, um die Arbeit in einem nachhaltigen Tempo zu unterstützen.
Arbeits-verhält-nis	0	0	0	Nicht existent	Einige defacto-Team-normen, die allgemein anerkannt sind, aber noch nicht vom Team niedergeschrieben und vereinbart wurden.	Es gibt eine dokumentierte, vom Team festgelegte Teamvorgehensweise, die in einem öffentlichen Bereich wie dem Teambüro, Confluence oder Intranet deutlich sichtbar ist	Des gibt festgelegte Zusamenarbeitsmodelle/ Prozesse, die vom Team eingehalten werden und es erfolgt ein nachhaltigen Tempo. Die Dokumentation dazu ist auf dem neuesten Stand.	Ausnahmen vom Prozess werden schnell erkannt und behoben.

Row label (rotated, left): **1. Agilität**

Bild 6.1 Agiles Reifegradradar: Die ersten sechs Fragen

Dabei ist es wichtig, dass der Ausfüller des Fragebogens immer von seinem persönlichen Empfinden ausgeht. Pro Zeile ist eine Frage vorgesehen. Hier soll in Spalte „C" zuerst der gefühlte „Ist-Zustand" durch Vergabe von 0–4 Punkten bewertet werden, danach der gewünschten „Soll-Zustand". Was die Punkte für die entsprechenden Themen genau bedeuten, ist im Fragebogen erklärt. Auch eine ausführliche Anleitung zur Verwendung des Fragebogens ist auf Seite 1 der Excel-Datei enthalten.

Seite 3 der Datei erstellt basierend auf den angegebenen „Ist"- und „Soll"-Werten automatisch eine Grafik (Bild 6.2).

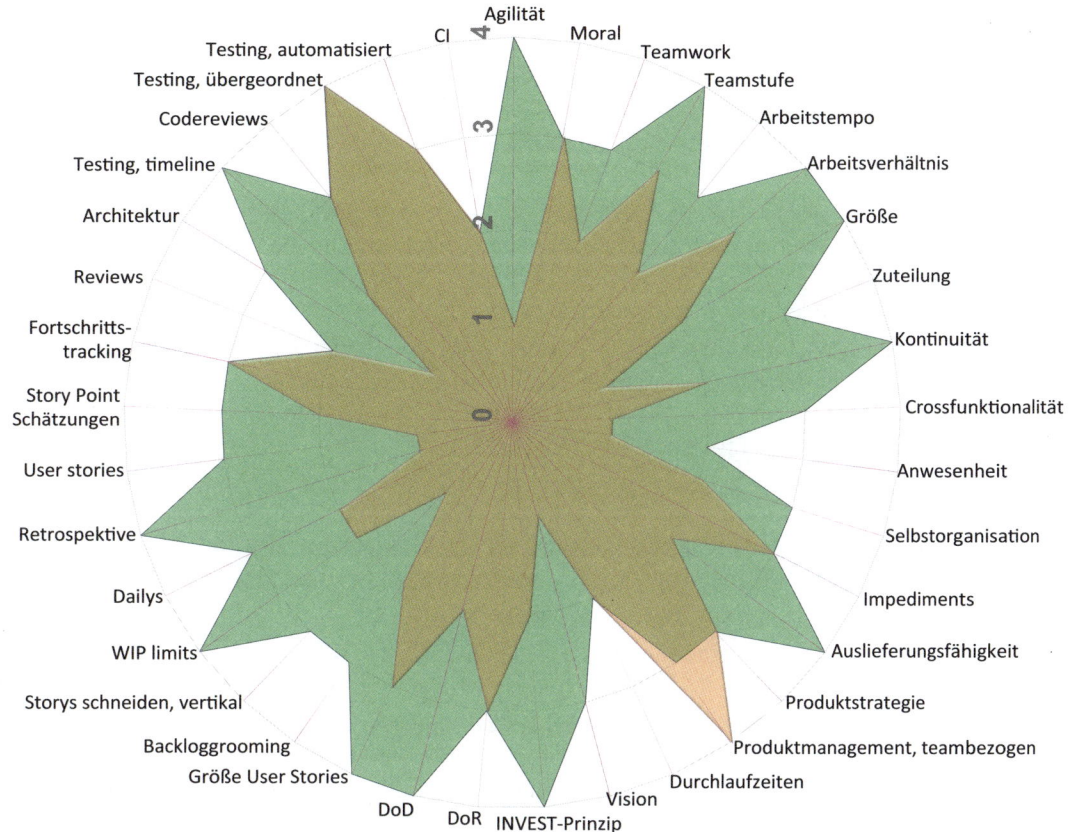

Bild 6.2 Beispielergebnis eines agilen Reifegradradars

Nach der Umfrage, sobald ich von allen Teilnehmern per E-Mail die ausgefüllten Fragebögen zurückbekommen habe, die ich natürlich vertraulich behandle, konsolidiere ich die Ergebnisse aller Bögen und stelle dem Team die Gesamtgrafik vor.

Dafür nutze ich die auf Seite 3 automatisch in der Excel-Tabelle generierte „Spinnennetzgrafik". Hier können wir pro Themenschwerpunkt den aktuellen sowie den vom Team gewünschten Status ablesen.

Die Punkte, welche die größte Abweichung zwischen „Ist" und „Soll" haben, sollten auch zuerst besprochen werden. Wir beschließen dann im Team, wie wir mit diesen Themen umgehen wollen und welche weiteren Aktivitäten („Action Points") sich daraus ergeben.

Ich nutze diesen Test in mehrmonatigen Abständen, um zu sehen, ob geplante Verbesserungen auch wirklich greifen.

6.3.4 Check des Teamumfelds

Es ist für den Scrum Master wichtig, zu wissen, wer die möglichen Unterstützer des Teams sind, die sogenannten „Sponsoren" (Abschnitt 5.4). Genauso wichtig ist es, auch zu erkennen, wo Widerstände gegen die agilen Vorgehensweisen, das Team oder einzelne Mitglieder bestehen.

In der Regel gibt es in großen Organisationen mit jahrzehntelang gewachsenen klassischen Prozesslandschaften mehr Gegner als Sponsoren in Bezug auf die Einführung von Agilität, da mit Scrum eine neue Denkweise (Abschnitt 11.2) Einzug hält, die einen oft jahrzehntelang bestehenden Status quo hinterfragt und aufzulösen versucht.

Natürlich schürt dies Ängste um den Arbeitsplatz, den Status in der Firma oder vor Veränderungen bei vielen Angestellten, die sich jahrelang abgemüht haben, um sich ihre sichere Komfortzone einzurichten. Diese wird dann oft mit Händen und Füßen verteidigt, weil sie zu verlassen immer unbequem und risikobehaftet ist.

Ich gehe nun wie im klassischen Stakeholdermanagement vor und erstelle eine Liste der im Umfeld des Teams relevanten Personen, mit ihren Kontaktdaten und Rollen im Unternehmen. Dort vermerke ich dann in Stichworten, welche Interessenlage diese Person in Bezug auf unser Projekt vertritt. Somit bekomme ich ein Gefühl, wer ein Unterstützer ist und von wem es eventuell Gegenwind geben könnte.

Nun besteht meine Aufgabe als Scrum Master darin, jeden der Projektinteressierten einzeln abzuholen.

Der beste Weg ist meistens erst einmal das persönliche Gespräch. Das kann in der Kaffeepause sein oder beim Mittagessen oder auch während eines offiziellen Termins. Ich bin Nichtraucher, aber gehe trotzdem regelmäßig mit den rauchenden Kollegen vor die Tür. Oft schnappt man hier die besten Infos oder die neuesten Gerüchte auf.

Ich versuche, die Vorgesetzten der einzelnen Teammitglieder kennenzulernen, um vorab schon abschätzen zu können, inwieweit diese ihren Kollegen den Rücken stärken würden, wenn es mal zu stärkerem Gegenwind im Projekt kommen sollte. Außerdem versuche ich auf diesem Weg herauszufinden, wie gesichert die Ressourcen der für das Team freigegebenen Anwesenheitszeiten der Kolleginnen und Kollegen sind. Es ist nämlich nicht selbstverständlich, dass alle Teammitglieder immer „full time" zur Verfügung stehen, sondern eben nur eine gewisse Stundenanzahl dem Scrum Team zugewiesen sind. Oft müssen sie nämlich noch andere Projekte oder den Betrieb von laufenden Systemen und Software aufrechterhalten.

Durch diese Tätigkeiten entsteht mit der Zeit ein Bild des Team-Umfelds mit drohenden Stolperfallen, aber auch Unterstützern.

7 Die Arbeit mit dem Team

■ 7.1 Agile Leitplanken setzen

Von Anfang an sollte ein Scrum Master „agile Leitplanken" für sein Team setzen. Die Entwicklung eines Scrum Teams erfolgt in Selbstorganisation, jedoch muss dafür der Rahmen abgesteckt werden. Es sollte klar sein, was erlaubt ist und was nicht. Innerhalb dieser Leitplanken kann sich das Team nun voll entfalten.

Dabei geht es im ersten Schritt um ein paar Regeln, die später noch verfeinert werden können. Dazu setze ich mich mit dem Team zusammen und wir vereinbaren ein grundlegendes Zusammenarbeitsmodell, das in etwa so aussieht:

- Wir definieren **Meetingregeln.** Das ist eine Liste von Punkten, die wir in jedem Meeting einhalten. Dazu macht jeder im Team Vorschläge und durch entsprechende Abstimmung wird festgelegt, welche davon auf die Liste kommen.

  Ich habe hier als Anregung einige Listenpunkte für Meetingregeln aufgeschrieben. Wichtig ist, dass diese Punkte vom Team vorgeschlagen werden. Jedoch darf der Scrum Master natürlich ebenfalls Themen einbringe, wenn das Team sich schwertut, selber welche zu sammeln.

Listenpunkt	Erklärung dazu
Handy stumm	Früher hatte ich immer die Regel „Handy aus" vereinbart. Oft ist es jedoch so, dass Teammitglieder während eines Events erreichbar sein müssen, weil sie beispielsweise Bereitschaft haben, oder auf einen wichtigen Anruf warten. Daher hat es sich bewährt, das Mobiltelefon nur stumm zu schalten. Wenn dann jemand anruft, geht die Person aus dem Raum. Das stört somit nicht die Konzentration der anderen Eventteilnehmer.
Pünktlichkeit	Jeder soll pünktlich zum Meeting erscheinen. Der Scrum Master sollte pünktlich beginnen, auch wenn Teilnehmer noch fehlen. Zehn Minuten vor Ablauf der Time-Box gebe ich dies immer bekannt, sodass sich alle Beteiligten darauf einrichten können. Ist die Time-Box dann vorüber, wird das Event abgebrochen. Diese „harte Pünktlichkeit" erzieht die Teilnehmer zu mehr Meetingdisziplin. Kommen Teammitglieder öfter zu spät, sollte dies in der nächsten Retrospektive angesprochen werden. Gemeinsam wird dann eine Vorgehensweise definiert, die dafür sorgt, dass die entsprechenden Kandidaten in Zukunft pünktlich erscheinen.

Listenpunkt	Erklärung dazu
Aussprechen lassen	In der Hitze einer Diskussion kann es schon mal vorkommen, dass man sein Gegenüber unterbricht, um die eigene Meinung kundzutun. Dies sollte im Sinne des agilen Werts „Respekt" jedoch nicht vorkommen. Die Person, die spricht, sollte angehört werden und nicht unterbrochen. Es gibt immer wieder Personen, die sich gerne reden hören und so einen Großteil der zur Verfügung stehenden Time-Box ausfüllen, sodass andere nicht mehr zu Wort kommen. Kommt dies öfter vor, sollte auch dieses Problem mit dem Team in einer Retrospektive gelöst werden.
Up/Down	Hierbei geht es darum, dass Personen, die gerne im Vordergrund stehen, sich etwas zurücknehmen sollen. Personen, die eher wenig reden, vielleicht schüchtern sind, sollten versuchen, etwas aktiver zu werden.
Sprecherball	Ich nutze für Events gerne einen Sprecherball. Nur die Person, welche gerade den Ball hat, darf reden. Der Sprecher hat somit die Macht, die nächste Person auszuwählen, die reden darf. Dieses Vorgehen hat zwei große Vorteile gegenüber einer „nicht-Ball-gesteuerten" Diskussion: Einerseits kann die Person ausreden, ohne unterbrochen zu werden. Sie hat ja den Ball. Und andererseits bleibt die Aufmerksamkeit aller Beteiligten fokussiert, da jeder der Nächste sein könnte, der den Ball zugeworfen bekommt. Ich nutze diese Methode übrigens auch gerne bei Daily Standups. Die Events laufen dann viel fokussierter ab. Der Sprecherball kann alles sein, was rund ist, jedoch sollte er eine weiche Konsistenz haben, damit niemand vom geworfenen Ball verletzt oder sonst etwas beschädigt wird.
Kein Meeting-tourismus	Es sollten nur Personen beim Meeting sein, die auch etwas beizutragen haben. Ich habe es öfters erlebt, dass bei Treffen Personen eingeladen wurden, die nichts zum Event beigetragen haben, jedoch Fragen stellten, deren Erklärung die anderen Beteiligten wertvolle Zeit kostete. Dies sollte nicht für informative Meetings (zum Beispiel das Sprint Review) gelten.
Auf den Punkt kommen	Diese Regel beeinflusst die Regel „Ausreden lassen". Jeder Teilnehmer des Events sollte versuchen, nicht zu lange um den heißen Brei zu reden, sondern auf den Punkt zu kommen. Klappt dies mehrfach nicht, haben wir ein Thema für die nächste Retrospektive.
Lösungs-orientierung	Oft beschäftigen wir uns zu sehr mit einem Problem. Wir jammern herum, suchen Schuldige, drehen dazu eine „Taskforce-Meetingrunde" nach der anderen und unsere Gedanken kreisen immer wieder um diese negative Sache. Wir sind dadurch problemzentriert. Wenn wir aber diese Energie dazu verwenden, um eine Lösung zu finden, denken wir lösungszentriert.

 Lösungsorientierung einfach erklärt

Mit diesem Beispiel erkläre ich gerne bei Workshops den Begriff „Lösungsorientierung".

Ich beschreibe zuerst, wie ein Mensch am Rand eines tiefen Abgrunds steht und nicht hineinfallen will. Er möchte vom Abgrund weg. Die meistens Menschen würden nun ein paar Schritte nach hinten, weg vom Abgrund, gehen. Dies ist

> eine „problemorientierte" Sicht. Sie versuchen, eine Lösung umzusetzen, blicken aber nach wie vor gebannt in den Abgrund. Außerdem wissen sie so nicht, ob vielleicht hinter ihnen noch ein Abgrund lauert, auf den sie jetzt rückwärts zugehen.
>
> Lösungsorientierte Menschen drehen sich um. Sie wenden dem Problem ihren Rücken zu und haben die Lösung, den Boden weit weg vom Abgrund, fest im Blick. Dann gehen sie darauf zu. ∎

- Wir legen die **Art und Häufigkeit** sowie **Time-Box** von **Events** und **Meetings** (Daily Standup, Sprint Planning, Sprint Review, Sprint Retrospektive, Refinements) innerhalb des Sprints fest. Dies gibt einen festen Rahmen vor und eine hohe Planungssicherheit. Jeder im Team weiß genau, wie viel Zeit dadurch von der Sprint-Arbeitszeit wegfällt. Somit ist eine genauere Planung der Sprint-Ziele im Sprint Planning möglich.

- Wir legen die **Kommunikationswege** fest: Das Team definiert gemeinsam, wie es nach außen und innen kommuniziert. E-Mail, Telefon, persönliche Gespräche, Videokonferenz-software, Ankündigungstafeln im Büro, Ticketsysteme, Chatsoftware und Ähnliches sind da nur ein paar der Möglichkeiten. Es ist dabei wichtig, dass dazu benötigte Kommunikationsinformationen wie beispielsweise eine Liste von Ansprechpersonen zu verschiedenen Themen und deren Telefonnummer sowie E-Mail-Adressen für alle im Team jederzeit verfügbar sind (siehe Punkt „Dokumentation").

- Wir legen die **Eskalationswege** fest: Es sollten klare Regeln aufgestellt werden, wer wie zu informieren ist, wenn etwas schiefgeht. Wie sind Themen zu eskalieren?

- Wir legen fest, **wie** und **wo dokumentiert** werden soll: Im Idealfall gibt es eine Quelle für das Team, wo die interne Dokumentation abgelegt wird, z. B. ein Confluence- oder Share-Point-Bereich. Außerdem eine weitere Quelle, wo Informationen zu finden sind, die nicht direkt das Team betreffen. Das kann beispielsweise ein firmeneigenes Intranet sein.

- Wir beschließen, welche **Tools** genutzt werden sollen, um die **Arbeitspakete** zu organisieren: Hier empfiehlt sich für die computergestützte Arbeit Software wie Jira und für die „physikalische" Verwaltung der Backlogs ein Scrum- oder Kanbanboard.

- Wir beschließen, wie wir im **Team miteinander umgehen:** Es werden vom Scrum Master agile Leitplanken aufgestellt und beispielsweise eine positive Feedback- und Fehlerkultur (Abschnitt 7.7) eingeführt.

- Wir erstellen gemeinsam die ersten Versionen der **„Definition of Done (DoD)"** und **„Definition of Ready (DoR)":** Ehe wir mit unserer Arbeit im Scrum Team starten, sollten wir eine DoD erstellen, um festzulegen, wann eine User Story als „erledigt" anzusehen ist. Außerdem erstellen wir noch eine DoR, um bestimmen zu können, wann eine User Story „fertig gegroomt" ist, um „Ready for Sprint Planning" zu sein. Diese beiden Checklisten werden während der kommenden Sprints nach dem „Inspect-and-Adapt"-Prinzip laufend geprüft und bei Bedarf verbessert.

- Wir schärfen die **Rollen im Team:** Es ist wichtig, alle Rollen im Team klar abzugrenzen, sodass jedes Teammitglied weiß, welche Verantwortungen, Lieferobjekte, Befugnisse und Verpflichtungen es hat.

- Wir erstellen eine **Stakeholderliste:** Dabei handelt es sich um Auflistung der mit dem Team direkt oder indirekt agierenden Personen, Firmen und Abteilungen sowie deren Verantwortungen und Rollen in Bezug auf das Projekt, in dem das Scrum Team eingebettet ist (Abschnitt 9.1).

Das klingt erst mal nach viel Arbeit für das Team und den Scrum Master und das ist es auch! Aber je sorgfältiger diese Themen anfangs behandelt werden, umso weniger Stress und Ärger haben alle Beteiligten später.

Aus diesen Punkten entstehende Listen wie die Meetingregeln, die DoD oder die DoR sollten vom Scrum Master auf Flip-Chart-Plakate geschrieben und gezeichnet werden, um diese gut sichtbar im Teambüro auszuhängen. Zusätzlich werden sie natürlich dort dokumentiert, wo auch die restliche Teamdokumentation zu finden ist.

Da wir agil unterwegs sind, ist das alles ein „erster Wurf", dessen Tauglichkeit für den Teambetrieb erst noch ausprobiert werden muss (empirisches Vorgehen). Alles, was in der Anfangsphase beschlossen und umgesetzt wird, kann später jederzeit geändert oder verfeinert werden.

■ 7.2 Das Teambüro

Für uns „Agilisten" ist es selbstverständlich, dass wir „Begegnungsorte" für unsere Teams benötigen. Leider ist es vielen Firmen nicht klar, wie wichtig es ist, Teamräume zu schaffen, in denen sich Agilität ungebremst entfalten kann.

7.2.1 Die Räumlichkeiten

Das ganze Scrum Team sollte ein gemeinsames Büro nutzen, in welchem jedes Teammitglied einen Arbeitsplatz hat. Ob diese Plätze nun agil gehandhabt werden, also so eingerichtet sind, dass an jedem Tag jemand anderes an einem Platz sitzen kann („Open-Space-Prinzip"), oder ein fester Arbeitsplatz für jeden eingerichtet ist, sollte eine Entscheidung des Teams sein.

Ein gemeinsamer Raum fördert die Kommunikation, das gemeinsame Arbeiten an Projektherausforderungen, die bessere Übertragung von Know-how und es können hier auch Teamevents abgehalten werden.

Dabei bedeutet „Raum" nicht gleich „Raum". Die Qualität der Arbeitsumgebung beeinflusst, wie gearbeitet, gedacht und interagiert wird. Der Raum beeinflusst somit direkt die Qualität der Arbeitsergebnisse.

Helle und offene Räume inspirieren zu einer kreativen Denkweise sowie offenerer Kommunikation und damit einer intensiveren Zusammenarbeit. Dunkle, kleine Zimmer wirken auf die meisten Menschen bedrückend, was sich negativ auf die Lust am Arbeiten auswirkt. Viele Einzelkämpfer, die nicht viel von Teamwork halten, mögen solche Räumlichkeiten.

Der Scrum Master kann, wenn er in eine Firma kommt, gut an der Gestaltung der Räumlichkeiten erkennen, wie es hier um die Denkweise der einzelnen Mitarbeiter und des Managements steht.

Es gibt keinen „Königsweg", wie das ideale Teambüro aussehen sollte, aber ich gebe hier gerne Empfehlungen, die ich aus meiner langjährigen Praxis mit vielen Scrum- und Entwicklerteams aus unterschiedlichen Bereichen und Branchen gesammelt habe.

Idealerweise arbeiten wir in einem „Open Space"-Office. Diese Art von Büro zeichnet sich durch große Flächen aus, die individuell mit Arbeitsplätzen, Sitzgelegenheiten, Ruhezonen und Büroschränken ausgestattet sind und mit wenigen Handgriffen einfach umgestellt werden können.

Aber selbst wenn kein modernes Büro zur Verfügung steht, können oft Büroflure, Kaffeeküchen oder ähnliche Räumlichkeiten für Teamaktivitäten zweckentfremdet werden. Und wer sagt, dass wir nicht auch mal eine Retrospektive in einem Park abhalten können?

7.2.2 Arbeitsrechtliche Themen

Bei der Büroausstattung sind immer auch arbeitsrechtliche Themen zu berücksichtigen. Daher ist es vorteilhaft, einen guten Draht zur Personalvertretung des Unternehmens herzustellen. Die Kollegen wissen am besten, was „erlaubt" ist und was nicht.

Gesetze und Regularien legen fest, wie viel Platz einem Mitarbeiter mindestens zusteht, wobei auch der Stellraum für Möbel berücksichtigt wird. Außerdem sind auch noch die Mindestbewegungsfläche und ähnliche Themen gesetzlich geregelt. Dies ist alles in der „Technische Regel für Arbeitsstätten ASR A1.2 Raumabmessungen und Bewegungsflächen" im Rahmen der Arbeitsstättenverordnung zu finden (Abschnitt 13.3).

7.2.3 Die Teambüroausstattung

- **Visualisierung:** Agile Teams bemühen sich, ihre Arbeit transparent zu machen. Eine der effektivsten Methoden ist dabei, Arbeitsstände zu visualisieren. Dies geschieht mittels Scrum- oder Kanban-Boards. Dazu werden auf einer Fläche mehrere Spalten eingezeichnet. Diese können beispielsweise mit „To-do", „Ongoing", „Für Tests", „Zur Abnahme" und „Done" beschriftet werden. In diese Spalten werden die User Storys und/oder Arbeitspakete („Tasks" oder „Subtasks") mittels Klebezetteln eingeordnet. Die Spalten geben den Status des Kärtchens an. Dieser wird mindestens einmal pro Tag aktualisiert, zum Beispiel beim „Daily Standup".

  Natürlich wird alles, was wir auf unserem Board anzeigen, auch elektronisch verfügbar sein. Aber eine „physikalische" Visualisierung hat den Vorteil, dass auch Außenstehende sofort den Status des Produkts oder Projekts erkennen können. Wie oft wollte ein Manager von mir oder dem Product Owner einen Power-Point-Foliensatz zum Status des Projekts haben. Ich habe ihm dann gesagt, er könne gerne ins Teamoffice kommen, um selber zu sehen, wie der aktuelle Stand ist. Manchmal habe ich auch einfach ein Foto des Scrum-Boards mit dem Mobiltelefon gemacht und per E-Mail gesendet.

Außerdem ist es ein echt gutes Gefühl, wenn man den Klebezettel einer fertigen Story in die Hand nehmen und vor dem versammelten Team in die Spalte „Done" verschieben kann.

Teamentlastung durch den Scrum Master

Dazu noch ein Tipp: Wenn die Entwickler an der Umsetzung der Sprintziele arbeiten, haben sie oft keine Zeit oder keinen Kopf, sich im elektronischen Tickettool um den Status der einzelnen User Storys zu kümmern. Daher lasse ich vom Team den Status nur auf dem physischen Board aktualisieren. Das ist sozusagen die gemeinsame „Teamwahrheit", was den aktuellen Stand angeht. Diesen übertrage ich dann auf unser elektronisches Tool. Somit entlaste ich das Team etwas und das elektronische Tool ist auch immer auf dem neuesten Stand.

Es empfiehlt sich auch, wichtige Teamregeln und -vereinbarungen wie die „Definition-of-Done", die „Definition-of-Ready" oder Meetingregeln auf ein Flipchart-Plakat zu zeichnen und gut sichtbar im Raum aufzuhängen.

Für eine hohe Transparenz benötigen wir also eine Präsentationsfläche wie ein Scrum-Board oder ein Flip Chart (Abschnitt 10.1.3) sowie Flipchart-Papier, um Plakate zeichnen zu können. Hinzu kommen noch diverse Klebezettel und dicke Stifte (Abschnitt 10.3).

■ **Büromöbel:** Ich empfehle für ein Teambüro einen Stehtisch sowie Schreibtische, die in der Höhe elektronisch verstellbar sind. Somit können die Teammitglieder auch ab und an stehend arbeiten.

Eine stehende Körperhaltung fördert nämlich effektive Meetings und entlastet unseren Körper beim Arbeiten. Die Körperspannung ist dabei viel größer als beim Sitzen. Außerdem haben wir beim Stehen keinen „Schutz" vor uns wie einen Tisch oder einen Laptop, hinter dem wir uns verstecken können. Diese für viele oft ungemütliche Situation sorgt dafür, dass Meetings meistens konzentrierter und kürzer ablaufen. Das spart im Lauf des Sprints viel Zeit, was wiederum der Produktumsetzungszeit zugutekommt.

Wenn wir aufstehen, werden wir engagierter und wacher. Die Kommunikationsfähigkeit und der Informationsaustausch nehmen zu. Längere Zeit zu sitzen, belastet den Körper. Wenn wir stehen, entlasten wir Schultern, Nacken und Wirbelsäule. Bequem stehen steigert die Gehirntätigkeit. Dazu ist es wichtig, die Beine ungefähr schulterbreit auseinanderzustellen, den Rücken gerade zu halten und die Arme entspannt baumeln zu lassen und nicht vor dem Körper zu verschränken. Das ist für viele ungewohnt, da wir das Gefühl haben, nun schutzlos dazustehen.

Ein bewusstes, gerades Aufrichten ist für viele von uns ungewohnt, aber einfach. Wir stellen uns einfach vor, dass wir im Nacken eine Schnur befestigt haben, die nun nach oben gezogen wird. Die Schultern lassen wir dabei entspannt hängen.

Für ganz Mutige empfehle ich, die Schuhe auszuziehen. Wenn wir den Boden barfuß oder durch unsere Socken spüren, gibt uns das ein geerdetes Gefühl. Wir stehen stabiler, was sich automatisch auch in unserer Konversation widerspiegelt.

Meine Empfehlung ist nun, dass wir kurze Events wie das Daily stehend abhalten. Dazu platzieren wir idealerweise einen Stehtisch vor unserem Scrum Board. Von dort aus ist es auch leichter, die Klebezettel auf dem Board zu verschieben.

- **Sonstiges:** Viele Ausstattungsmerkmale eines Büroraums sind oft nicht zu ändern, wie Wandfarbe, Bodenbeläge, Fluchtwege und Ähnliches, da das Teambüro meistens schon vorhanden ist und vom Dienstgeber zur Verfügung gestellt wird. Aber wir können so einiges an der „beweglichen Ausstattung" ändern. Auch hier ist die Phantasie des Teams gefragt.

■ 7.3 Die ersten Events organisieren

7.3.1 Standardevents

Da wir im agilen Framework „Scrum" arbeiten, gibt es einige wenige, aber wichtige Regeltermine. Für das Stattfinden der Events sind unterschiedliche Personen verantwortlich. Für das „Daily Standup" beispielsweise das Entwicklerteam, das „Review" wird vom Product Owner verantwortet.

Aus Erfahrung weiß ich aber, dass sich der Scrum Master, vor allem in der Anfangszeit der „Agilisierung", um die Organisation und die Moderation der Events kümmern sollte. Dadurch werden eine Regelmäßigkeit und die korrekte Umsetzung der Meetings garantiert. Erst später, wenn die Events reibungslos funktionieren, alle pünktlich kommen und optimale Ergebnisse erzielt werden, kann die eine oder andere Teamveranstaltung an die laut Scrum Guide entsprechenden Verantwortlichen abgegeben werden.

Ich habe einige Teams begleitet, die den Wunsch hatten, dass der Scrum Master sich auch später weiter um die Events kümmert. Das entspricht zwar nicht den offiziellen Scrum-Leitlinien, aber der Wunsch des Teams geht da vor. Wir sind ja selbstorganisiert und wenn etwas für das Team gut ist, dann ist es auch ok.

In Scrum sind die Zeitslots (Time-Boxes) der Regeltermine (Events) fest vorgeschrieben. Für 4-Wochen-Sprints sehen diese so aus:

Tabelle 7.1 Regeltermine und Zeitslots

Event	Time-Box (4-Wochen-Sprint)
Daily Standup	15 Minuten
Sprint Planning	8 Stunden
Sprint Review	4 Stunden
Sprint Retrospektive	3 Stunden
Sprint Refinements	90 Minuten pro Event, in Summe nicht mehr als 10 % der Sprintzeit

Alle Events sollten pünktlich starten und enden. Ist der Eventzweck erfüllt, darf die Veranstaltung auch vor Ablauf der Time-Box enden. Dieses Vorgehen „erzieht" die Teammitglieder, auf den Punkt zu kommen und die Zeiten effektiv auszunutzen. Jede „Eventart" sollte immer zur gleichen Zeit, am gleichen Ort stattfinden. Das sorgt dafür, das früher oder später jeder im Team weiß, wann welches Meeting wo stattfindet, auch ohne den Kalender zu befragen.

Der Vorteil einer solch strikten Einhaltung der Zeiten ist, dass es mehr Planungssicherheit für das Entwicklungsteam gibt. Die Events decken alle Abstimmungen im Team ab und ermöglichen ein gemeinsames „Inspizieren" und „Adaptieren", laut den drei Säulen von Scrum („Inspizieren", „Adaptieren" und „Transparenz").

7.3.2 Meeting-Zeiträuber identifizieren

Leider ist es so, dass es immer wieder direkte Vorgesetzte der Teammitglieder gibt, die eigene, ungeplante Meetings veranstalten und dadurch unserem aktuellen Sprint wertvolle Zeit und Mitarbeiter entziehen. Früher oder später kommt dann die Diskussion mit dem Kunden auf, warum dieses oder jenes Feature nicht zeitgerecht fertig geworden ist. Und dafür benötigen wir als Scrum Master Daten, um zu belegen, wie viel Zeit uns „geklaut" wurde.

Um das Team zu schützen, habe ich daher die Nonscrum User Storys eingeführt. Wird ein Teammitglied während eines laufenden Sprints ungeplant durch ein Nicht-Scrum-Meeting abgezogen, erstelle ich eine User Story mit dem Suchlabel „Nonscrum". Dort schreibe ich den Namen des Teammitglieds, den Anlass und die dadurch im Sprint verlorenen Umsetzungsstunden als Story Points hinein. Diese rechne ich (ausnahmsweise) 1 : 1 um. Fünf Stunden sind dann fünf Story Points.

Sollte nun Kritik an der Menge der fertiggestellten Arbeiten von Seiten der Stakeholder kommen, summiere ich alle Stunden der „Nonscrum-Tickets" und kann so belegen, wie viel Zeit dem Team ungerechtfertigterweise vom Sprint entzogen wurde.

Dieses Vorgehen schützt das Team, vor allem wenn uneinsichtige, agilitätsfeindliche Manager oder Vorgesetzte im Spiel sind.

Das Vorgehen in Bezug auf ungeplante Meetings (Zeiträuber) ist nicht zu verwechseln mit geplanten Meetings, die ja zum Umfang der Umsetzung der Sprintziele dienen. Diese fallen in die Arbeitszeit und sollten beim Planning in der Komplexitätsbetrachtung bereits berücksichtigt worden sein.

■ 7.4 Wissen sichern und Kommunikation optimieren

7.4.1 Push- und Pull-Mentalität

In jeder Firma werden E-Mails als Kommunikationsmittel Nummer eins genutzt. Selbst Telefonate sind als internes Kommunikationsmittel bereits rückgängig. Der Grund dafür ist noch der alte „Command and Control"-Gedanken. Jeder Mitarbeiter versucht sich abzusichern, indem Abmachungen, Hinweise oder Informationen schriftlich gegeben werden, um später einen Nachweis dafür zu haben. Daher bekommen wir täglich eine Flut von E-Mails als Kopie („cc" oder „bcc") gesendet, die uns häufig nicht direkt betreffen. Dies ist immer auf fehlendes Vertrauen innerhalb der Organisation zurückzuführen.

Die E-Mail-Flut wird in vielen Bereichen sogar als Produktivitätskiller bezeichnet. Es ist nicht selten der Fall, dass Mitarbeiter nach einem zweiwöchigen Urlaub mehrere hundert E-Mails abarbeiten müssen und dadurch die ersten Arbeitstage im Unternehmen arbeitstechnisch nicht zur Verfügung stehen.

In Unternehmen, in denen das Agile Mindset etabliert ist, nimmt diese E-Mail-Flut rapide ab, da Abmachungen persönlich in Teammeetings getroffen werden. Man verlässt sich auf den anderen, vertraut ihm und benötigt daher weniger schriftliche Absicherung. Außerdem lebt eine agile Organisation eine „Pull"-Mentalität. Das bedeutet, jeder holt sich Arbeit oder schaut, wo er unterstützen kann.

Ist im Gegensatz dazu eine „Push"-Mentalität etabliert, wird Arbeit einfach weggeschoben oder weitergegeben und abgewartet, bis der andere sie erledigt hat.

 Push- vs. Pull-Prinzip

- Das „Push"-Prinzip bedeutet im Firmenkontext, dass die Arbeit aus einem Aufgabenpool an die Teammitglieder verteilt wird.
- Das „Pull"-Prinzip bedeutet im Firmenkontext, dass die Teammitglieder sich die Arbeit selber aus einem Aufgabenpool holen.

7.4.2 Etablierung eines „Social Intranet"

In den meisten Unternehmen mit klassischen Prozesslandschaften, herrscht eine „Push"-Mentalität (Abschnitt 7.4.1). Daher sollten wir als Scrum Master mit unseren Teams Prozesse etablieren, die eine „Pull"-Mentalität unterstützen. Als ersten Schritt können wir damit beginnen, die E-Mail-Flut im eigenen Team einzudämmen.

Dies wird durch ein „Social Intranet" ermöglicht. Es ermöglicht Unterhaltungen und Diskussionen, die Abbildung von Projekten, Bereitstellung von Dokumenten und Verlinkungen sowie die Einladung von externen oder internen Mitarbeitern zur Projektarbeit oder zu Diskussionsrunden.

Der Vorteil solcher Systeme ist, dass Informationen und Arbeitsunterlagen schnell auffindbar sind („single-point-of-truth") und es eine zentrale Stelle gibt, an der Wissen abrufbereit gespeichert wird.

Anstatt nun allen Teammitgliedern eine E-Mail mit Informationen und ergänzenden Anhängen („Push"-Verhalten) zu schreiben, werden diese Daten im „Social Intranet" gespeichert. Nun kann jeder, der Bedarf hat, diese Themen selber abrufen („Pull"-Verhalten). Dadurch gehen Informationen nur an Personen, die sich auch dafür interessieren und die E-Mail-Flut wird eingedämmt.

Produkte für solch ein „Soziales Intranet" gibt es in allen Ausprägungen und Preislagen. Viele große Firmen nutzen die Produkte „Confluence" und „Jira" von der Firma Atlassian. Dabei wird „Jira" als System für die Verwaltung und Anzeige von Scrum-Boards, User Storys und Product- sowie Sprint-Backlogs genutzt und „Confluence" als Dokumentenablage, Knowledge-Base, Austausch per Blog und ähnliche Teamaktivitäten. Da beide Produkte vom selben Hersteller sind, ist durch entsprechende Schnittstellen eine gute Integration der Inhalte in beide Richtungen möglich. Ergänzend kommen dann noch Video-Kommunikationstools wie „Wire", „Zoom" oder „Microsoft Teams" hinzu.

Es gibt eine Menge Alternativen zu den angeführten Softwareprodukten und das Angebot wird laufend erweitert. Ein paar Links zum Thema sind in Abschnitt 13.3.2 zu finden.

■ 7.5 Das Scrum Team motivieren

7.5.1 Was Motivation bedeutet

Die Basis für funktionierende Arbeit im Team ist die Motivation alle Teammitglieder. Erst dann kann gemeinsam ein bestimmtes Ziel erreicht werden und die Teamarbeit erfolgreich verlaufen.

Die Definition von Motivation

Motivation bezeichnet die Gesamtheit aller Motive (Beweggründe), die zur Handlungsbereitschaft führen. Das heißt, das auf emotionaler und neuronaler Aktivität beruhende Streben des Menschen nach Zielen oder wünschenswerten Zielobjekten.

Für uns stellen sich zuerst folgende Fragen:

■ Warum verhält sich jemand so?

■ Warum verhalte ich mich so?

■ Wie können wir die Teammitglieder zu mehr Leistung motivieren?

Um besser zu verstehen, wie es zu einer Handlung durch Motivation kommt, sehen wir uns die folgende Grafik (Bild 7.1) an.

Wir unterscheiden zwischen „Tätigkeitorientierten Anreizen" und „Zweckorientierten Anreizen". Tätigkeitsorientiert bedeutet, dass der Anreiz aus dem Vollzug der Handlung kommt. Zweckorientiert bedeutet, dass der Anreiz aus dem Ergebnis der Tätigkeit kommt.

Nimmt ein Marathonläufer an einem Wettkampf teil, den er gewinnen will, dann basierte sein Training auf einem zweckorientierten Anreiz, dem Sieg. Liest jemand gerne viele Bücher, weil es der Person Spaß macht, ist dies ein tätigkeitsorientierter Anreiz.

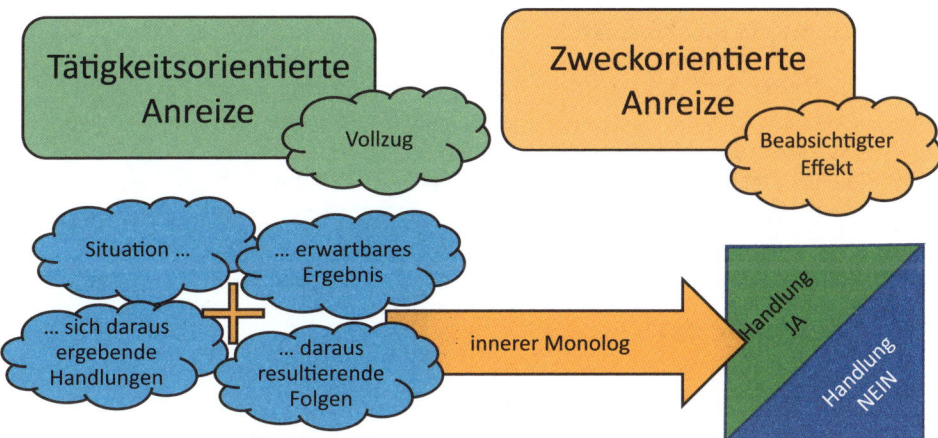

Bild 7.1 Entscheidungsablauf, vom Anreiz bis zur Handlung

Bis wir nun eine Handlung tätigkeitsgetrieben und/oder zweckorientiert vollziehen oder nicht, passiert Folgendes:

Wir betrachten die aktuelle Situation. Danach kalkulieren wir das zu erwartende Ergebnis. Wir bedenken die sich daraus ergebenden Handlungen, die wir zu tätigen haben, um das Ergebnis zu erreichen. Und wir überdenken die daraus resultierenden Folgen. Dieser innere Monolog bestimmt am Ende, ob wir a) handeln oder b) es lassen.

Im Idealfall erkennen wir in unserem Abwägungsprozess, dass unser Ergebnis erstrebens-wert genug ist und der Weg dahin auch noch Spaß macht sowie herausfordernd und inte-ressant ist. Dann sind wir motiviert genug, um eine Arbeit anzugehen.

7.5.2 Motivationskiller

Im Zuge unseres inneren Monologs (Bild 7.1) können so manche Motivationskiller auf-treten, die uns davon abhalten, Arbeiten zu beginnen:

- „Das Ergebnis steht ohnehin schon fest, es ist eh nicht mehr zu ändern."
- „Ich traue mir die benötigten Handlungen nicht zu."
- „Ich habe gar nicht die benötigten Fähigkeiten."
- „Ich schätze die Folgen des erwarteten Ergebnisses als nicht wichtig genug ein."
- „Es ergeben sich aus dem Resultat nicht die gewünschten Folgen."
- „Die Folgen aus dem Resultat sind unerwünscht".
- „Die Handlung ist nicht attraktiv für mich und es macht keine Freude und keinen Spaß sie auszuführen."

Was ist ein Glaubenssatz?

Ein Glaubenssatz ist ein verbaler Ausdruck von etwas, an das jemand glaubt (Abschnitt 11.4.2). Oft basiert dieser auf einschränkenden Verallgemeinerungen und es gilt diese aufzulösen, um ein offenes, transparentes Umgehen (Agiles Mindset) mit seinem Umfeld zu ermöglichen.

7.5.3 Team-Erfolgsfaktoren

Es gibt einige Faktoren, die erfolgreiche Teams auszeichnen:

- Ein ausgeprägtes Maß an innerem Zusammenhalt. Die Teammitglieder stehen füreinander ein.
- Es wird ein gemeinsames Ziel verfolgt. Die Zielerreichung stellt den Existenzzweck des Teams dar.
- Alle Teammitglieder stehen gleichberechtigt nebeneinander und tragen füreinander gerne die Verantwortung.
- Die Mitglieder übernehmen verschiedene Rollen und kommunizieren miteinander, um sich gegenseitig zu koordinieren.
- Teams brauchen Zeit, um zusammenzuwachsen. Ein gutes Team hat eine gemeinsame Geschichte durchlebt.

Die Teamentwicklung darf nicht alleine der Gruppe überlassen werden (Abschnitt 11.5.1) und sollte auf der Motivation der einzelnen Teammitglieder durch den Scrum Master basieren. Dies gelingt nicht durch eine einzelne Veranstaltung, sondern ist ein laufender Prozess. Dieser sollte im Alltag aktiv gelebt werden, wodurch sich nicht nur das Team verändert und weiterentwickelt, sondern auch die Rolle des Scrum Master (Abschnitt 11.5.2).

7.5.4 Die Bedürfnispyramide

Vielleicht kennt der ein oder andere folgende Situation: Jeder Mitarbeiter in einer Abteilung bekommt eine Geldzulage als Projektbonus in der Höhe von 200 Euro ausbezahlt. Während einige Kollegen sich darüber freuen, ist das anderen nicht so wichtig und einige sind sogar beleidigt, dass ihre Leistung mit so wenig Geld honoriert wurde.

Warum das so ist, erklärt die „Bedürfnispyramide nach Maslow" (Bild 7.2) sehr gut. Das Modell ist zwar schon etwas in die Jahre gekommen und kurz vor Maslow's Tod hat er seine Pyramide erweitert, jedoch ist dieses „Urmodell" nach wie vor gültig und ein einfaches und effektives Mittel zur Erklärung, wie wir als Scrum Master unsere Teammitglieder richtig motivieren können [Masl1954].

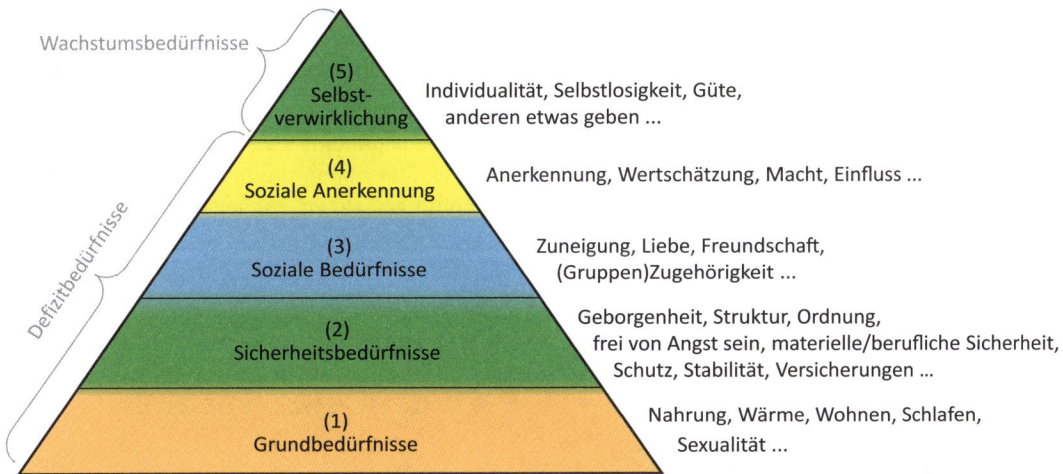

Bild 7.2 Die Bedürfnispyramide nach Maslow

Die Entwicklung unserer Bedürfnisse startet immer auf der untersten Stufe 1 (Grundbedürfnisse) und bewegt sich Abschnitt für Abschnitt nach oben, sobald die Bedürfnisse des aktuellen Lebensabschnitts gestillt sind.

Nehmen wir als Beispiel einen jungen Menschen, der gerade von zu Hause ausgezogen ist und als Lehrling in einem Betrieb arbeitet. Für ihn ist erst mal vorrangig, einen Platz zum Schlafen zu haben, eventuell in einer Wohngemeinschaft oder bei einem Freund. Der Kühlschrank sollte auch gefüllt sein und eine Freundin wäre auch nicht schlecht. Dies alles sind Grundbedürfnisse (1), die immer vorrangig vor den weiteren Ebenen der Pyramide stehen.

Nach einer gewissen Zeit drängt es unseren Lehrling, sich weiter zu entwickeln. Jetzt sucht er mehr Geborgenheit, Struktur und Sicherheit. Das könnte nun eine eigene, gemeinsame Wohnung mit seiner Freundin sein oder eine Festanstellung in einer Firma mit sicherem Gehalt. Er versucht nun seine Sicherheitsbedürfnisse zu befriedigen (2). In dieser Phase sind Menschen auch sehr anfällig für den Abschluss von Versicherungen. Ich denke, die Bedürfnispyramide ist den Versicherungskonzernen ebenfalls bekannt.

Ist dies alles unter „Dach und Fach", drängt es unsere Person in die dritte Ebene, die der sozialen Bedürfnisse (3). Er sucht nach Liebe und Zuneigung, vielleicht heiratet er seine Freundin. Auch das Zugehörigkeitsbedürfnis kann durch den Freundeskreis oder die Mitgliedschaft in einem Verein bedient werden.

Als Nächstes wird die vierte Stufe, die soziale Anerkennung, angestrebt (4). Nun benötigt unser ehemaliger Lehrling Anerkennung und Macht. Unsere Person bewirbt sich vielleicht für eine leitende Position in der Firma oder im Vorstand seines Vereins.

Ist auch diese Stufe erklommen, geht es an die Selbstverwirklichung (5). Manche Menschen beginnen hier beispielsweise, ein Buch zu schreiben oder für einen Marathonlauf zu trainieren. In dieser Lebensphase beschließen auch Viele, etwas für die Gemeinschaft zu tun und nehmen ehrenamtliche Tätigkeiten an.

Stellen wir uns nun vor, unsere Person wird plötzlich vom Ehepartner betrogen und es kommt zur Scheidung. Dann fällt sie wieder einige Stufen nach unten. Fragen wie „Wo soll ich jetzt wohnen?" (1) oder ein Gefühl von Zukunftsangst (2) werden übermächtig und sind plötzlich wichtiger als Karriere (4) oder Selbstverwirklichung (5). Ist unsere Person beispielsweise auf Stufe eins gelandet, arbeitet sie sich wieder langsam Richtung Stufe fünf in die Höhe.

Dieser Verlauf, eine reibungslose Entwicklung von Stufe eins zu Stufe fünf, war noch vor zwei Jahrzehnten problemlos möglich. Da gab es Menschen, die ihr Leben lang in einer Stadt lebten und arbeiteten, die ihre erste Freundin heirateten, Kinder bekamen, ihr Leben lang in derselben Firma arbeiteten und dort Karriere machten.

In unserer heutigen, kurzlebigen Zeit ist dies nicht mehr so einfach. Jobs werden oft gewechselt, Ehen geschieden. Alles ist kurzlebiger. Viele Menschen müssen zum Arbeiten in weit entfernte Städte pendeln. Der gerade Weg, von unten nach oben, wird gestört. So kann es durchaus passieren, dass Menschen die komplette Bedürfnispyramide mehrmals im Leben durchlaufen müssen.

7.5.5 Motivation mithilfe der Bedürfnispyramide

Wie kann ein Scrum Master nun die Informationen, die uns die Bedürfnispyramide liefert, praktisch einsetzen?

Nehmen wir die Situation vom Anfang des Abschnitts 7.5.4, in dem ein Teil der Belegschaft sich über einen Geldbonus erfreut, ein Teil neutral und ein paar erbost waren. Wenn wir die Pyramide betrachten, verstehen wir nun auch die unterschiedlichen Reaktionen der Mitarbeiter auf den Geldbonus. Diese Personen stehen gerade auf unterschiedlichen Stufen der Pyramide.

Wenn ich jemandem, der auf Stufe (1) steht, 200 Euro überreiche, wird er mir sehr dankbar sein, weil er sie gerade dringend benötigt, um die aktuellen Bedürfnisse wie Wohnen oder Nahrung zu befriedigen. Diese Aktion, als Belohnung für seine Arbeit, wird für ihn sehr motivierend sein.

Gebe ich hingegen jemandem auf Stufe (5) so einen Bonus, kann es passieren, dass er dies als Beleidigung empfindet, weil er der Meinung ist, der Betrag wäre viel zu klein für seine bisherigen Leistungen. Ich könnte diese Person besser motivieren, indem ich ihr etwas ermögliche, was ihrer Selbstverwirklichungsphase entgegenkommt. Schreibt diese Person beispielsweise ein Buch, wird sie sich mehr über ein Buch mit einer persönlichen Widmung ihres Lieblingsautors freuen als über den Geldbetrag.

Das bedeutet nun für uns als Scrum Master, dass wir jedes Teammitglied individuell motivieren sollten. Dazu empfehle ich folgendes Vorgehen:

1. **In Erfahrung bringen, auf welcher Bedürfnisstufe das Teammitglied sich gerade befindet:**

   Dies kann sich schnell ändern, daher sollte regelmäßig kontrolliert werden, ob die uns bekannten Fakten noch aktuell sind.

   Und wie bringen wir jetzt in Erfahrung, welche Bedürfnisse gerade befriedigt werden sollten? Durch Gespräche und aufmerksames Zuhören.

Durch die privaten Interessen und Aktivitäten der Person erfahren wir, welche Ziele und Bedürfnisse diese gerade hat, und können dadurch ableiten, auf welcher Stufe der Bedürfnispyramide sich das Teammitglied aktuell bewegt.

2. **Motivation des Teammitglieds durch passende Aktivitäten:**

Nun gilt es das Teammitglied entsprechend zu motivieren. Wenn ich beispielsweise jemandem vor versammeltem Team für seine großartige Arbeit danke und er sich auf Stufe (4) befindet, wird ihm dies einen großen Motivationsschub geben. Wichtig bei der Motivation eines Teammitglieds ist es, immer etwas zu wählen, das gerade die aktuellen Bedürfnisse bedient.

- Grundbedürfnisse (1) können gut mit Geld oder Sachwerten bedient werden.
- Sicherheitsbedürfnisse (2) können durch Unterstützung, sei es mental oder arbeitstechnisch, bedient werden.
- Soziale Bedürfnisse (3) können beispielsweise durch eine offizielle Bestätigung von Zugehörigkeit zum Team oder einer gemeinsamen Sache erfolgen. Dies kann ein gemeinsamer Abend bei Getränken und guten Gesprächen sein.
- Soziale Anerkennung (4) kann ein offizielles Lob „vor versammelter Mannschaft" sein oder ein Belobigungsschreiben.
- Selbstverwirklichungsbedürfnisse (5) können bedient werden, indem wir eine Aktivität durchführen, die genau diesen Selbstverwirklichungsvorhaben zuarbeitet.

Wie nun Personen, die auf einer bestimmten Bedürfnisstufe stehen, im Detail motiviert werden, ist der Kreativität des Scrum Masters überlassen. Es sollte aber immer bewusst sein, dass wir ein Team nicht „über einen Kamm" scheren können, da jeder Mensch unterschiedlich ist und seine persönlichen Bedürfnisse hat. Das bedeutet nun nicht, dass wir nicht auch mal ein Teamevent veranstalten können. Dabei sollte aber darauf geachtet werden, dass wir den „kleinsten gemeinsamen Nenner" wählen, um den Großteil unserer Teammitglieder abzuholen.

Als Scrum Master sind wir nicht immer die „Alleswisser" und es können natürlich auch verschiedene Teamaktivitäten vom Team selber vorgeschlagen werden.

■ 7.6 Das Team schützen

Störungen des Teams können auch bereits im Vorfeld vermieden werden, wenn der Scrum Master dafür sorgt, dass das Umfeld des Teams versteht, was Scrum ist, wie das Team arbeitet, was es zu unterlassen hat, weil es das Team stört, und was es tun kann, um das Team zu unterstützen.

Um als Scrum Master sein Team nachhaltig schützen zu können, ist es unerlässlich, dass teaminterne Prozesse eingehalten werden. Das bedeutet, dass der Entwickler bei neuen fachlichen oder technischen Anfragen durch andere Abteilungen oder Kunden diese unmittelbar an den Product Owner verweist. Der PO hat den Gesamtüberblick („Big Picture") und kann nun weitere Schritte planen.

Für Themen organisatorischer Natur steht natürlich der Scrum Master zur Verfügung. „Bitte gehe mit deinem Anliegen zum Scrum Master" ist ein Satz, den das Team oft nutzen sollte.

Wie der Scrum Master ungeplante Störungen des Sprints durch „befohlene Meetings" für einzelne Teammitglieder transparent machen kann, habe ich bereits im Abschnitt 7.3.2 (Nonscrum User Storys) beschrieben.

Eine weitere Art, das Team zu schützen, ist, nicht von den Teammitgliedern direkt oder indirekt lösbare Impediments mitzunehmen und diese zu lösen oder lösen zu lassen.

■ 7.7 Das Team ausbilden

Wenn sich ein Scrum Master laufend weiterentwickelt, wird er früher oder später automatisch zum „Agilen Coach". Das bedeutet, dass er nicht nur seine Teams bei ihrer Weiterentwicklung unterstützen kann, sondern auch andere Scrum Master. Durch den Austausch mit Berufskollegen lernen wir oft neue Perspektiven in Bezug auf unsere Arbeit, unsere eigene Person und Agilität kennen, was dann wiederum der Entwicklung unserer Scrum Teams zugutekommt.

Das Wort „Coaching" in der Rolle „Agiler Coach" bedeutet, dass wir einen Coachee dabei unterstützen, seine eigene, für ihn „maßgeschneiderte" Lösung zu entwickeln. Dabei sollte der Coach seine Überzeugungen außen vorlassen und auch keine Tipps geben oder den Coachee in anderer Weise beeinflussen.

Leider wird „Coaching" oft mit „Beratung" oder „Training" vermischt. Daher ist es wichtig, dass wir uns als Scrum Master immer bewusst sind, welche Rolle jetzt gerade gefragt ist, welche Rolle wir gerade einnehmen und wann wir in eine andere Rolle wechseln sollten. Details zu den Rollen und deren Abgrenzung sind in Abschnitt 4.4 nachzulesen.

Unsere Coachingrolle macht dann Sinn, wenn das Team schon eine gewisse Erfahrung im agilen Framework hat, denn erst dann ist das Basiswissen vorhanden, um eine Lösung zu finden. Werden Wissenslücken erkannt, bietet sich wiederum die Trainerrolle an. Bei Umsetzungsfragen ist die Rolle als Berater gefragt.

Oft ist vielen Teammitgliedern, aber auch Führungskräften, nicht bewusst, dass sie durch einen guten Scrum Master die Chance haben, bei ihrer persönlichen Weiterentwicklung unterstützt zu werden. Es müssen dazu keine teuren Soft-Skill-Kurse gebucht werden. Der Spezialist ist ja schon im Haus und kann diesbezüglich in Anspruch genommen werden.

7.7.1 Eine gute Feedbackkultur etablieren

Scrum basiert auf den drei Säulen „Untersuchen", „Anpassen" und „Transparenz" (Bild 7.3).

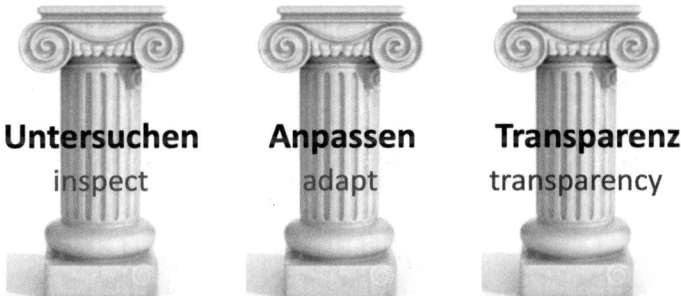

Untersuchen   **Anpassen**   **Transparenz**
inspect   adapt   transparency

Bild 7.3 Die drei Säulen von Scrum

Die drei Säulen von Scrum

Alles, was wir in Scrum tun, passiert unter dem Aspekt von „Inspect", „Adapt"
und „Transparency". Wenn wir beispielsweise ein Daily Standup abhalten,
sehen wir uns gemeinsam an, was bisher umgesetzt wurde („Inspect"),
berichten, was wir heute vorhaben und wo es Impediments gibt. Dadurch
bekommen alle Anwesenden ein einheitliches Bild der aktuellen Lage
(„Transparency"). Halten wir eine Sprint-Retrospektive ab, sehen wir uns
den letzten Sprint an sowie was gut und was weniger gut gelaufen ist. Wir
inspizieren den aktuellen Status. Nun beschließen wir, was wir wie ändern
wollen („Adapt"). Durch unsere Vorgehensweise erschaffen wir eine hohe
Transparenz („Transparency") in Bezug auf unsere internen Teamprozesse.

Diese Beispiele sind auf alle Events in Scrum anwendbar.

Damit die drei Säulen funktionieren, benötigen wir jedoch ehrliches und offenes Feedback
von jedem Teammitglied. Die Weiterentwicklung des Scrum Teams, der Prozesse oder Einzelpersonen sind nur so möglich.

Feedback sollte vom Team dankbar angenommen und nicht als Angriff angesehen werden.
Dazu ist es notwendig, eine positive Feedbackkultur zu etablieren, indem folgende Themen
vom Scrum Master beachtet und mit den Teammitgliedern umgesetzt werden:

- **Förderung von Wachstumsdenken:** Menschen mit Wachstumsdenken glauben, dass die
  ihnen angeborenen Fähigkeiten durch Arbeit und lebenslanges Lernen erweitert und neu
  entwickelt werden können. Sie wissen, wie wichtig stetige Weiterentwicklung ist. Es gilt,
  diese Einstellung zu etablieren und zu fördern. Ein agiles Umfeld ist dafür ideal, weil
  Lernen und Arbeiten nicht mehr wie im „klassischen" Vorgehen getrennt werden in
  Arbeit und Training. Wir lernen in Scrum während der Umsetzung unserer Ziele, entwickeln uns im Team gemeinsam weiter und erforschen agile Werte wie beispielsweise
  „Mut", „Offenheit" und „Respekt".

- **Eine sichere Umgebung bieten:** Es ist die Aufgabe des Scrum Masters, aber auch des Managements, für das Team ein sicheres Umfeld zu schaffen. Die Teammitglieder dürfen keine negativen Auswirkungen fürchten, wenn sie ihre Meinung sagen. Teaminterne Themen bleiben im Team und werden auch nicht nach außen kommuniziert. Dadurch entwickelt sich innerhalb des Teams Vertrauen, das unbedingt benötigt wird, um offen und ehrlich Feedback zu geben.

- **Vorbild sein:** Als Scrum Master ist es wichtig, eine gute Feedbackkultur zu leben. Sei stets offen für Anmerkungen deines Teams. Feedback sollte nicht nur respektvoll gegeben, sondern auch respektvoll empfangen werden. Und das von jedem Teammitglied. Es darf nichts erzwungen werden, denn jede Art von Druck hemmt offene Gespräche.

- **Workshops veranstalten:** Richtiges Kritisieren ist eine Fähigkeit, die es zu erlernen gilt. Dazu bringe ich meinen Teamkollegen bei, auf positive Art Fragen zu stellen, Inhalte zu visualisieren und mit Beispielen zu arbeiten. Sie sollten vom Scrum Master Tools wie das „Feedbackmodell" (Abschnitt 11.4.6) oder das Modell der verschiedenen Kommunikationsebenen (Abschnitt 11.4.4) beigebracht bekommen.

- **Routinen aufbauen:** Wenn Raum gegeben wird für regelmäßiges Feedback, wird dies bald zur Routine und nicht zur Ausnahme. Ideal dafür sind Retrospektiven oder alle Events, in denen es darum geht, Themen genauer zu betrachten und darüber zu diskutieren. Feedback kann auch gegeben werden, wenn gerade niemand danach fragt! Ich erkläre auch gerne Entscheidungen, wenn sie aufgrund von Feedback getroffen wurden.

Das Ergebnis all dieser Bemühungen sollte bei jedem Teammitglied die Gewissheit etablieren, dass Feedback ein Geschenk ist und eine Anregung sich zu verbessern, also genau das, was wir in Scrum jeden Tag versuchen: Verbesserung und Weiterentwicklung.

7.7.2 Die Einführung einer positiven Fehlerkultur

In der agilen Arbeit nimmt der positive Umgang mit Fehlern einen hohen Stellenwert ein, weil er ein fester Bestandteil des ständigen Lernens und der Weiterentwicklung ist. Die Erkenntnis „Nur wer arbeitet macht Fehler" und „Fehler sind willkommen, da wir sie frühzeitig lösen und nicht erst, wenn es zu spät ist", sollte von allen im Team akzeptiert sein.

Die Idee hinter einer guten Fehlerkultur ist folgende: Wenn jemand Angst hat, einen Fehler zu machen, entsteht Druck und Druck erzeugt früher oder später Stress. Dies führt zu Verkrampfungen, Entscheidungen werden dadurch zögerlich oder gar nicht getroffen. Einer der agilen Werte ist „Mut". Und durch Druck wird dieser stark eingeschränkt oder führt zu Fehlentscheidungen.

Die Angst vor Fehlern führt in vielen Firmen zur Risikovermeidung. Die Konsequenz ist, dass Mitarbeiter und Führungskräfte lieber gar nichts tun, als einen Fehler zu riskieren. Dies ist nicht nur ein Thema im Job. Oft reicht diese „Vermeidungsangst" bis in den privaten Alltag. Wie oft ist ein Unfallopfer gestorben, nur weil sich Anwesende nicht getraut haben zu helfen, aus Angst etwas Falsches zu tun? Wie oft sind Begegnungen zwischen Menschen nicht zu Stande gekommen, weil die Angst, einen Fehler dabei zu begehen und abgewiesen zu werden, zu groß war?

Es ist ein Fehler, Fehler zu bestrafen!

Fehler sollten willkommen sein, um daraus zu lernen. Das besondere im agilen
Umfeld ist doch, das Lernen und Arbeiten nicht mehr getrennt betrachtet
werden, sondern immer gemeinsam auftreten. Wir lernen bei der Arbeit.
Und wir lernen aus Fehlern.

Um eine positive Fehlerkultur zu etablieren, ist es wichtig zu verstehen, wie wir als Scrum
Master mit unseren eigenen Fehlern umgehen. Wir sollten uns über unser Verhältnis dazu
bewusst sein.

Menschen sind nun mal fehlerbehaftet. Das ist so. Und viele Menschen bauen ihr Selbst-
wertgefühl leider darauf auf, dass sie von ihrem Umfeld als „fehlerlos" gesehen werden.
Dadurch versuchen sie jede Art von Fehler zu vermeiden oder, wenn das Risiko besteht,
dass trotzdem ein Fehler auftreten könnte, zu versuchen, sich abzusichern, um später die
Verantwortung dafür jemand anderem zuschieben zu können.

Dieses Vorgehen habe ich – leider – oft als gängige Managementpraxis erlebt. Es wird
bereits bei der Planung eines großen Projekts überlegt, wem der schwarze Peter zugescho-
ben werden könnte, wenn nach Ende der Projektlaufzeit etwas schiefgeht oder der gesamte
Projekterfolg gefährdet ist.

Wenn wir also die Furcht, unseren Status durch Fehler zu verlieren, ablegen könnten, wäre
dies ein idealer Nährboden für eine positive Fehlerkultur. Und als Scrum Master ist es
unsere Pflicht, mit gutem Beispiel voranzugehen und eigene Fehler transparent zu machen.
Das bedeutet, Fehler zuzugeben, zu erklären, wie es dazu gekommen ist, und Vorschläge zu
unterbreiten, wie diese Fehler in Zukunft vermieden werden können.

Wer seine Fehler als peinliche Bestätigung seiner Unzulänglichkeiten sieht, die er vor anderen verbergen muss, der wird alles tun, um diese Fehler zu vertuschen oder anderen in die
Schuhe zu schieben. Jemand, der jedoch akzeptiert, dass Menschen an sich Fehler haben,
Fehler machen und es dadurch erlaubt ist, Fehler zuzugeben, geht entspannter an Dinge ran
und entscheidet mutiger. Das ist die Basis für Innovationen und neue Herangehensweisen
an Umsetzungen von Zielen.

Genau das alles sollten wir als Scrum Master unseren Teams und Stakeholdern vorleben,
um das Vertrauen aller Beteiligten in eine neue, positive Fehlerkultur zu festigen.

 Leitsatz eines meiner Scrum Teams

„Wird die Arbeit gut gemacht, kommt der Kunde wieder. Wird die Arbeit
schlecht gemacht, kommt die Arbeit wieder."

Ich habe, aufgrund meiner jahrelangen Erfahrung als Scrum Master die wichtigsten vier
Regeln aufgeschrieben, die es zu beachten gilt, wenn wir eine positive Fehlerkultur etablieren wollen.

1. **Fehlerakzeptanz:** Jeder darf Fehler machen! Menschen sind nicht perfekt und daher
   kommt es zu Fehlern. Das sollte akzeptiert werden, nur wer auch arbeitet, macht Fehler!

Werden Fehler vertuscht, kommen sie später wieder und bringen mehr Probleme, als wenn wir sie sofort besprochen und bearbeitet hätten.

2. **Lösungssuche:** Ist ein Fehler passiert, sollte nicht nach einem Schuldigen gesucht werden, um diesen öffentlich an den Pranger zu stellen. Unsere Energie sollte vielmehr darauf verwendet werden, diesen Fehler zu beheben und Lösungen zu finden, damit solch ein Fehler nicht mehr passiert.

3. **Vorbild sein:** Fehlerkultur gilt nicht nur für das Entwickler-Team, sondern sollte vom Scrum Master, von Product Owner und allen beteiligten Führungskräften vorgelebt werden. Erst wenn dies passiert, wird das Team Vertrauen aufbauen können, um selber Fehler transparent zu machen.

4. **Transparenz:** Es ist nicht leicht, Fehler zuzugeben, aber notwendig. Sobald etwas passiert ist, sollte dies sofort kommuniziert werden, sodass an einer Schadensbegrenzung und Fehlerbehebung gearbeitet werden kann.

Es sollte auf keinen Fall der Fehler gemacht werden, eine positive Fehlerkultur einfach vorzuschreiben, wie es in vielen Firmen gerne gemacht wird. Themen, die wir den Mitarbeitern einfach überstülpen, haben nur eine geringe Akzeptanz. Ich beziehe daher mein Scrum Team bei solchen Themen immer schon frühzeitig mit ein, damit sie diese aktiv mitgestalten können. Dadurch erhöht sich die Akzeptanz der neuen Kultur enorm.

Dazu veranstalte ich einen Workshop, bei dem diese neuen vier Spielregeln erklärt werden und warum es Sinn macht, diese anzuwenden.

Im nächsten Schritt lasse ich die Teilnehmer aktuelle „Gegenbeispiele" benennen, in denen diese Regeln nicht beachtet wurden, und Ideen sammeln, wie diese Situationen gewesen wären, wenn es da schon die neuen Spielregeln gegeben hätte. Diese Vorgehensweise sollte das Bewusstsein für eine Unterschiedsbildung schärfen.

Im nächsten Schritt vereinbaren wir die vier neuen Spielregeln mit eigenen Worten und schreiben/zeichnen sie auf ein Plakat, das am Ende der Veranstaltung als „Commitment" von allen unterschrieben wird. Dieses wird nun gut sichtbar im Teambüro aufgehängt.

In den folgenden Tagen sollte unser Bestreben als Scrum Master sein, möglichst viele Stakeholder zu diesem Thema ins Boot zu holen, indem wir ihnen die Regeln, die das Team gemeinsam beschlossen hat, vorstellen und sie zu bitten, die Teammitglieder durch Vorbildfunktion in diesem Bereich zu unterstützen. Vielleicht gibt es ja auch bereits Bestrebungen in anderen Abteilungen in diese Richtung. Aber um das zu verifizieren, gehen wir mit einer der effektivsten Strategien vor, die es dazu gibt: Wir reden miteinander.

8 Projektmanagement und Scrum

Ich kann mehr als 20 Jahre Erfahrung als Teil- und Projektleiter in mittleren und großen IT-Projekten vorweisen. Und eines hatten diese (klassischen) Projektvorgehen alle gemeinsam: Am Ende des Projekts wurden durchschnittlich weniger als zwei Drittel der am Anfang langwierig geplanten Themen und Features umgesetzt. Von diesen zwei Dritteln war nur ein kleiner Teil qualitativ hochwertig, der Rest war „mit der heißen Nadel" gestrickt, um zumindest einen Großteil der dem Kunden zugesicherten Features vor Projektende zu liefern.

Die Ergebnisse wurden dann nach Projektende in den Betrieb übergeben und dieser hatte in den folgenden Jahren die Herausforderung, ein Produkt oder eine IT-Umgebung betreiben zu müssen, zu der es mangelhafte Dokumentation gab, zu wenig Know-how aus dem Projekt transferiert wurde, versteckte Fehler immer wieder auftauchten und eine Weiterentwicklung zum Drahtseilakt wurde, weil niemand absehen konnte, welche Auswirkungen der Einbau neuer Features hat.

Das Erschreckende daran war, dass während der Projektlaufzeit oft extrem viele Ressourcen in Form von Zeit und Geld in ein Produkt investiert wurden, welches in den Folgejahren unnötig hohe Kosten aufgrund von schlechter Nutzbarkeit für den User, überbordendem Supportaufwand von Seiten des Betreibers und einer erschwerten Weiterentwicklung und Fehlerbehebung aufwies. Aber das war ja dann nicht mehr das Problem des Projektleiters, er hatte ja (offiziell) das Projekt erfolgreich abgeschlossen.

Daher bin ich sehr erleichtert, dass es seit einigen Jahren mit dem agilen Vorgehen Alternativen zum klassischen Projektvorgehen im „Wasserfallmodell" gibt.

 Das Wasserfallmodell

Dabei handelt es sich um ein lineares, nicht-iteratives Vorgehen in einem Projekt zur Herstellung eines Produkts. Jede Phase wird vor Start des Projekts planerisch festgelegt und hat definierte Start- und Endpunkte, mit fest vorgegebenen Ergebnissen. Der Begriff „Wasserfall" kommt von den meistens als Kaskade angeordneten Projektphasen auf dem Projektplan.

Bei großen Projekten ist ein reines Scrum-Vorgehen noch selten. Es haben sich aber bereits viele Hybridumsetzungen etabliert. Der „Überbau" des Projekts wird dabei als Wasserfallmodell ausgeführt, die Herstellungsprozesse in den einzelnen Phasen als agile Vorgehen.

■ 8.1 Projektausprägungen

Es gibt aktuell drei gängige Arten der Durchführung von Produktherstellungsprojekten. In diesem Abschnitt erkläre ich kurz die Vor- und Nachteile der einzelnen Projektmanagement-arten.

 Projektmanagementmodelle

Wir sollten, wenn wir von Projektmanagement sprechen, zwischen „Steuerungs-modellen" und „Umsetzungsmodellen" unterscheiden. Ein Steuerungsmodell, wie zum Beispiel „Prince2", beschäftigt sich mit der organisatorischen Seite des Projekts. Da sind Themen wie Ressourcenverwaltung, Reporting und über-geordnete Planung angeordnet. Bei Umsetzungsmodellen wie Scrum hingegen handelt es sich um die Produktion der Projektergebnisse, also die eigentliche Herstellung.

1. **Klassisches Projektvorgehen:** Bei dieser Art der Projektdurchführung, auch „Wasser-fallmethode" genannt, werden Werkzeuge wie Gantt-Chats (1910 entwickelt), PERT (1958 entwickelt) oder Prince2 (1996 entwickelt) genutzt. Diese werden für Großpro-jekte mit längerer Projektlaufzeit, in denen die Anforderungen unveränderlich festste-hen und im Vorfeld genau überschau- und planbar sind, eingesetzt. Sie sind ideal für Projekte mit strikten Vorgaben unter Befolgung von starren Regelwerken wie ISO-Nor-men oder strengen gesetzlichen Regularien. Klassische Projekte arbeiten mit strengen Hierarchien. Projekte, die „kompliziert" sind (Abschnitt 2.1), können damit am besten umgesetzt werden.

2. **Agiles Projektvorgehen:** Hier steht der Kundennutzen im Mittelpunkt und die Zielset-zungen sind flexibel. Änderungen der Produkteigenschaften währen der Projektlaufzeit sind gewünscht, um den Wert des Produkts für den Kunden zu steigern. Agile Projekt-vorgehen arbeiten mit selbstorganisierten Teams. Hier werden agile Methoden wie Kan-ban (1947 entwickelt) oder Scrum (1995 entwickelt) eingesetzt. Projekte, die „komplex" sind, können damit am besten umgesetzt werden (Abschnitt 2.1).

3. **Hybrides Projektvorgehen:** Aufgrund der bereits in vielen Firmen vorhandenen klas-sischen und schwer veränderbaren Prozesse für die Projektdurchführung wird eine Mischform von klassischem und agilem Vorgehen genutzt. Hierbei wird das Projektma-nagement („Steuerungsmodell") für die übergeordnete Projektorganisation als Wasser-fallmodell durchgeführt und der Herstellungsprozess („Umsetzungsmodell") agil.

Unabhängig davon, welches Projektvorgehensmodell wir wählen, gibt es immer drei Projekt-ressourcen, die in Relation zueinander stehen und sich gegenseitig beeinflussen. Diese wer-den im sogenannten „magischen Projektdreieck" abgebildet (Bild 8.1).

Bild 8.1 Das magische Dreieck im Projektmanagement

Es gibt dabei drei Zieldimensionen:

- **Kosten:** Dies betrifft in erster Linie das Projektbudget, welches vor Start des Projekts festgelegt wird.
- **Zeit:** Dies betrifft Abgabetermine von Ergebnissen, Start- und Endpunkte von Projektphasen sowie die Projektlaufzeit insgesamt betrachtet. Hinzu kommen noch die „Personentage (PT)", also die Tage, in denen das Projektpersonal zur Verfügung steht und im Projekt arbeitet.
- **Qualität:** Dies betrifft den Qualitätsanspruch an die Ergebnisse und den Umfang der Leistung. Das sind die Merkmale des Produkts, die sogenannten „Features".

Wir haben am Anfang des Projekts ein Projektbudget (Kosten), eine Projektlaufzeit (Zeit) und einen Leistungsumfang (Qualität) festgelegt. Drehen wir nun beispielsweise an der Kostenschraube, verändert dies die beiden anderen Faktoren.

Habe ich plötzlich weniger Geld zur Verfügung als geplant, möchte aber meinen versprochenen Umfang und Qualitätsstandard liefern, brauche ich mehr Zeit. Habe ich weniger Geld zur Verfügung, möchte aber meine versprochenen Projektlaufzeiten wie geplant einhalten, muss ich zwangsläufig die Qualität (Lieferumfang etc.) verringern. Habe ich weniger Zeit und möchte meine Qualität wie geplant liefern, benötige ich mehr Geld.

Somit beeinflussen sich diese drei Faktoren immer. Im klassischen und im agilen Projektvorgehen werden diese Faktoren jedoch unterschiedlich gewichtet.

8.1.1 Klassisches Projektvorgehen

Hier stehen die einmal geplanten Ziele (Qualität) unverrückbar fest und sind nicht oder nur mehr mit großem Aufwand zu ändern (Bild 8.2). Wenn im Lauf des Projekts Hindernisse auftreten, mit denen niemand gerechnet hat, kann dies die Kosten in die Höhe treiben. Hält das Projektmanagement aber an den einmal vereinbarten Kosten fest, so muss die Laufzeit des Projekts verlängert werden.

Wenn beides nicht klappt (Kostenaufstockung und/oder Zeitverlängerung), dann ist die vereinbarte Qualität einfach nicht haltbar und es wird weniger geliefert oder in einer schlechteren Qualität als ursprünglich zugesichert.

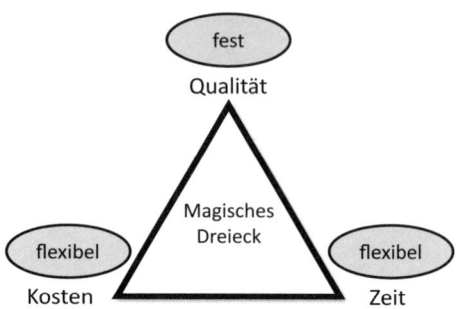

Bild 8.2 Das magische Dreieck im klassischen Projektkontext

8.1.2 Agiles Projektvorgehen

Im agilen Projektvorgehen stehen die Kosten und die Zeit fest. Nun wird versucht, damit die höchstmögliche Qualität zu liefern. Diese ist somit flexibel (Bild 8.3).

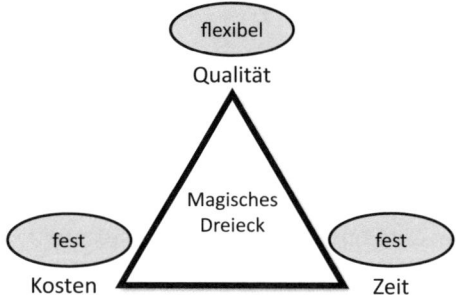

Bild 8.3 Das magische Dreieck im agilen Projektkontext

Das Ziel ist dabei, mit den vorhandenen Ressourcen „Zeit" und „Kosten" das bestmögliche Ergebnis für den Kunden zu erzielen. Daher wird die komplette Projektlaufzeit nicht fest durchgeplant, sondern Ziele werden nur „in etwa" vereinbart, da sich diese immer wieder ändern können.

Der Kunde kann also wählen zwischen festgelegten Produkteigenschaften mit der Gefahr, dass diese nach der Projektlaufzeit bereits veraltet sind und das Projekt mehr gekostet und länger gedauert hat als geplant (klassisches Vorgehen). Oder er wählt die agile Vorgehensweise mit fester Projektlaufzeit, festen Kosten, und Produkteigenschaften, die nur wertvolle Funktionen erhalten und das nahe an den Bedürfnissen der Nutzer dieses Produkts (agiles Vorgehen).

■ 8.2 Die Projektdurchführung

Viele großen Projekte werden in Mitteleuropa, wie schon mehrfach erwähnt, „hybrid" betrieben. Das bedeutet, es werden ein oder mehrere Scrum Teams für die Umsetzung der geplanten Ergebnisse, ähnlich wie „Plug-ins" bei einer Software, in die klassische Wasserfall-Projektstruktur gesetzt.

Die Auftraggeber (Kunden) haben einen Anforderungskatalog aufgesetzt und daraus mit dem Projektleiter (PL) ein Pflichtenheft sowie entsprechende Liefertermine abgestimmt. Aus Sicht des Scrum Teams ist aber der PL der Kunde.

Nun geht dieser mit seinen Forderungen und Wünschen zum Product Owner. Und hier haben wir schon den ersten „Knackpunkt".

Kennt der Projektleiter kein agiles Vorgehen und weiß nicht, wie so ein Scrum Team arbeitet, hat er dem Kunden vorab sicher versprochen, dass dieser alle angeforderten Features des Produkts so bekommen wird, wie er sich diese wünscht.

Als agile Umsetzer wissen wir, dass dies dem Scrum-Gedanken widerspricht. Wir versuchen, nicht stur alles abzuarbeiten, was der Kunde will, sondern zuerst die für den Endkunden wertvollen Merkmale umzusetzen. Dies geschieht durch Priorisierung aller gewünschten Features.

Dabei ist es für den Product Owner oft schwer, den Kunden dahin zu bekommen, eine durchgehende Sortierung von „wichtig" bis „nice to have" zu machen. In der Regel ist für einen Kunden alles gleich wichtig. Hier sollte der Scrum Master bei einer Priorisierung den Kunden methodisch unterstützen.

Die Idee hinter Scrum ist, dass unser Entwicklerteam zuerst die am höchsten priorisierten, also die für den Kunden „wertvollsten" Eigenschaften des Produkts realisiert. Bleiben dabei Features auf der Strecke, weil die Projektzeit um ist oder das Budget vorzeitig verbraucht wurde, sind dies nur Merkmale, die den Wert des Produkts nicht gesteigert hätten oder, noch schlimmer, den Wert für den Betreiber noch senken würden.

Produkteigenschaften, die selten oder gar nicht genutzt werden, sind unnötiger Ballast. Sie müssen, einmal implementiert, weiterentwickelt und betrieben werden. Dadurch wird für diese oft unnötigen Features Zeit und Geld investiert, die den „Return On Invest" stark senken (Abschnitt 8.6.3). Der Nutzen des Produkts für den Endkunden wird dadurch geschmälert. Denken wir nur an eine Software, die mit ungenutzten Features so überladen ist, dass sie sehr langsam zu installieren und zu konfigurieren ist. Abstürze sind, im wahrsten Sinne des Wortes, vorprogrammiert, das Programm ist unübersichtlich, zu schwerfällig und oft nicht intuitiv im Gebrauch. In diesem Fall werden die Benutzer meistens nach einer schlankeren, stabileren und einfacher handhabbaren Lösung suchen.

Es ist nun die Aufgabe des Projektleiters und des Product Owners, dem Auftraggeber die Vorteile eines agilen Vorgehens näherzubringen. Sie sollten dazu auf jeden Fall die Unterstützung des Scrum Masters anfordern. Er ist der Spezialist für diese Themen und kann allen Beteiligten am besten näherbringen, welche Vorteile agile Methoden in Bezug auf die Wertigkeit eines Produkts haben.

Ist der Auftraggeber jedoch nicht kooperationsbereit und möchte alles genau so, wie er das vorschreibt, sollte die Frage gestellt werden, ob hier der Einsatz eines Scrum Teams überhaupt Sinn ergibt.

■ 8.3 Am Anfang steht die Vision

Die positive Wirkung einer Projekt- oder Produktvision auf alle Beteiligten wird oft unterschätzt. Manchmal gibt es einfach keine oder es wurde eine Vision erstellt, die keine ist, sondern eher eine technische Aufzählung von Features eines Produkts.

Die Produktvision

Eine Produktvision ist ein langfristiges Ziel. Sie gibt die Richtung der Entwicklung vor und dient als „Leitstern" für das Scrum Team oder das ganze Projekt. Wir können uns, bei allem was wir tun, jederzeit fragen, ob das auch im Sinne der Vision ist.

8.3.1 Wie sieht eine gute Vision aus?

Der Unterschied macht das Ergebnis

Ein Immobilienmakler, nennen wir ihn Herrn Müller, will ein Haus verkaufen und schildert nun die Vorteile des Hauses einer Familie, die sich dafür interessiert:

„Dieses Haus hat sehr stabile, mit Ziegeln gemauerte Wände. Die sind mit 12 Millimeter Dämmmaterial an der Außenwand verschalt, was übers Jahr gesehen die Heizkosten senken kann. Im Wohnzimmer befindet sich ein Holzofen mit 7 kW Leistung. Das reicht, um das ganze Haus zusätzlich mitzuheizen, was die Heizkosten noch mehr senken könnte. Im Garten ist der gemauerte Grill. Den haben wir gereinigt und mit einem neuen Grillrost versehen. Der Pool daneben hat Abmessungen von 8 mal 6 Metern und ist 1,60 Meter tief."

Ein anderer Immobilienmakler, nennen wir ihn Herrn Schmidt, möchte dasselbe Haus an eine andere Familie verkaufen und schildert nun die Vorteile so:

„Das Haus ist sehr solide in Ziegelbauweise erbaut. Das wird noch in 100 Jahren stehen. Da haben Ihre Kinder und Enkel später noch was davon. Sozusagen ein Haus, das über Generationen weitergegeben werden kann. Da sind Ihre Kinder abgesichert. Im Wohnzimmer steht ein schöner Holzofen. Da kann man im Winter gemütlich davorsitzen, mit einer Tasse Tee beim knisternden Kaminfeuer. Und im Sommer, wenn es so richtig heiß ist, können die Kinder im Pool baden und später wird der gemauerte Grill angefeuert, um mit Freunden und Nachbarn einen angenehmen Abend bei leckeren Würstchen und Steaks zu verbringen."

Nun meine Frage: Welche Beschreibung wird den Durchschnittsmenschen mehr ansprechen? Eine Aufzählung der Fakten durch Herrn Müller oder die emotionale Beschreibung, die Gefühle und Bilder in uns hervorruft, von Herrn Schmidt?

Eine gute Vision basiert immer auf positiven Gefühlen. Sie beantwortet die Frage „Was habe ich davon?" emotional. Ich treffe oft wieder mit Projektteams zusammen, die eine Vision entwickelt haben, aber diese zählt häufig nur technische Fakten auf, keinen „emotionalen Vorteil" für den Endnutzer.

Das Firmenziel „Wir stellen alle Arten von modernsten Gehhilfen und den zugehörigen Reparaturservice zur Verfügung, wodurch wir alle Bedürfnisse für mobil eingeschränkte Menschen bedienen können", könnte als gute Vision so klingen: „Wir machen Menschen mit begrenzter Mobilität frei und unabhängig."

Und die „Alzheimer Association" aus Chicago bringt es auf den Punkt mit ihrer Vision: „Unsere Vision: Eine Welt ohne Alzheimer!"

8.3.2 Eine Vision entwickeln

Das Vorgehen zur Erstellung einer Vision ist unabhängig vom Inhalt. Es ist egal, ob es hier um eine Projektvision, eine Produktvision, eine Teamvision oder eine große Konzernvision handelt. Ich erkläre nun beispielhaft den Ablauf eines „Product Vision Workshops", also die Erstellung einer Produktvision.

Vorbereitungen eines „Vision Boards"

Zuerst benötigen wir eine große, glatte Fläche. Das kann ein Whiteboard, eine Wand oder eine Tür sein. Auch die Glasscheibe eines großen Fensters kommt dafür in Frage, es ist jedoch zu klären, inwieweit die Vertraulichkeit gewahrt wird, wenn für alle Personen, die von außen auf die Scheibe blicken können, zu lesen ist, was gerade so im Workshop passiert.

Auf dieser Fläche werden nun fünf Felder mit Klebeband markiert und mit den folgenden Überschriften beschriftet (Bild 8.4):

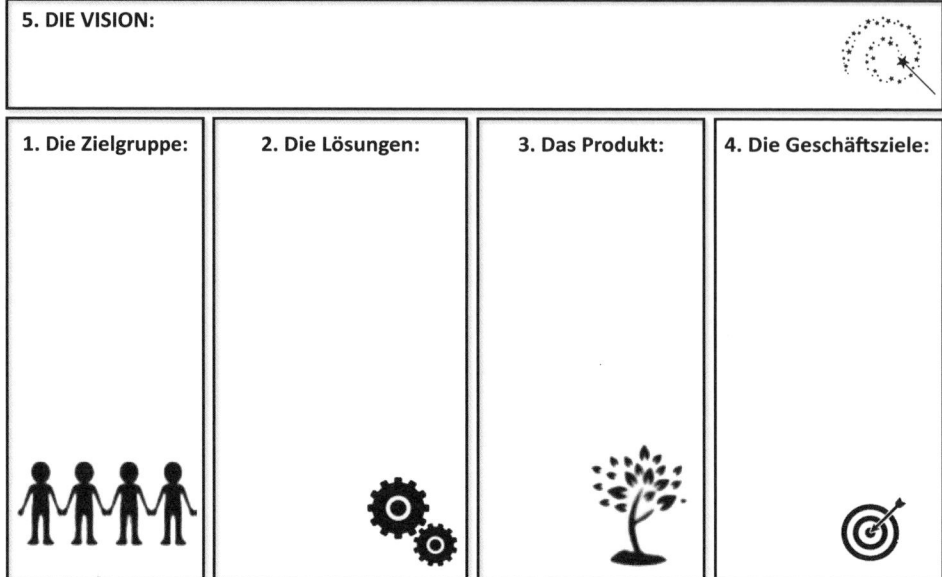

Bild 8.4 Das „Vision Board" mit seinen fünf Themenfeldern

Ich zeichne dazu noch gerne kleine Grafiken, aber das ist natürlich jedem selbst überlassen.

Die fünf Themenfelder sollten auf jeden Fall groß genug sein, um pro Feld mindestens zehn bis zwanzig Klebezettel unterbringen zu können. Dieses „Vision Board" wird nun im Lauf eines „Vision Workshops" von den Teilnehmern gemeinsam ausgefüllt.

1. **Die Zielgruppe:** Hier wird beschrieben, wer mit dem Produkt arbeiten soll. Welche Unternehmensbereiche sind betroffen? Welche Personen (Rollen, keine Namen!) sollen damit arbeiten?

2. **Die Lösungen:** Hier beschreiben wir, welche Probleme das Produkt löst und welche Vorteile es bietet. Dies ist sozusagen eine Liste der „Benefits" für den Nutzer.

3. **Das Produkt:** Hier beschreiben wir, um welches Produkt es sich handelt. Die Formulierung sollte so einfach und klar sein, dass selbst Personen sie verstehen würden, die nicht aus den Bereichen des Projektumfelds stammen.

4. **Die Geschäftsziele:** Hier beschreiben wir grob die Geschäftsziele und Werte des Unternehmens und wie das Produkt diese Geschäftsziele und Werte unterstützt.

5. **Die Vision:** Wenn die ersten vier Felder befüllt sind, ergibt sich die Vision fast von alleine. Diese sollte aus ein oder zwei Sätzen bestehen. Es wird dabei ein griffiger Marketing-Leitspruch oder Slogan gesucht, im Sinne von „Redbull verleiht Flügel" [Mate1987], „Haribo macht Kinder froh und Erwachsene ebenso" [Hari1962] oder „Quadratisch, praktisch, gut" [Ritt 1970].

Zusätzlich werden noch genug Klebezettel und Stifte für alle Teilnehmer des Workshops benötigt.

Durchführung des „Vision Workshops"

Im „Vision Workshop" wird den Teilnehmern zuerst das vorbereitete „Vision Board" präsentiert und die Bedeutung der Themenfelder erläutert.

Im nächsten Schritt werden Stifte und Klebezettel ausgeteilt und Thema 1 („Zielpublikum") bearbeitet. Innerhalb einer festen Time-Box schreibt jeder Teilnehmer auf, für wen seiner Meinung nach das Produkt bestimmt ist. Am Ende der Zeit stellt jeder seine Ergebnisse vor und klebt diese in die entsprechenden Spalten. Gleiche Themen oder Inhalte können übereinander angeordnet werden („Clustern"). Ist das Feld 1 befüllt, wird noch einmal kurz darüber diskutiert, um dann das Thema abzuschließen.

Dieses Vorgehen wiederholen wir dann mit den Themen der Felder 2, 3 und 4.

Aus eigener Erfahrung kann ich sagen, dass für die Einführung in die Arbeitsweise und das Befüllen der ersten zwei Spalten, „Zielgruppe" und „Lösungen", bei einer Teilnehmerzahl von drei bis fünf Personen ca. 90 Minuten benötigt werden. Feld 3, „Das Produkt", zu befüllen braucht dann interessanterweise immer am längsten. Es ist gar nicht so leicht, mit einfachen Worten und ohne „Fachchinesisch" zu erklären, was hier eigentlich hergestellt wird. Das vierte Feld, „Geschäftsziele", wird dann ebenfalls befüllt und als Abschluss überlegen wir gemeinsam, wie unser Slogan (Feld 5) lauten könnte.

Für die komplette Veranstaltung plane ich eine Time-Box von 3 × 90 Minuten, bei einer Teilnehmerzahl von drei bis fünf Personen.

Der Teilnehmerkreis

Wir sollten genau darauf achten, wer die Vision mitgestalten darf.

Eine Projekt- oder Produktvision beispielsweise sollte nur von den Auftraggebern, der Projektleitung und dem PO mit Unterstützung des Scrum Masters gemacht werden. Auf keinen Fall sollte hier das ganze Entwicklerteam hinzugezogen werden, da es um die Vision im Sinne des Kunden bzw. Produkts geht. Diese ist dann später als „Leitstern" für das ganze Team einzusetzen.

Bei einer Team-Vision, also der Frage „Wohin möchte das Team?", ist dies wieder eine ganz andere Sache. Hier geht es um interne Prozesse und Ziele, dabei hat der Kunde und das Management wiederum nichts verloren, dafür aber das gesamte Scrum Team.

Ergebnissicherung und Vorteile einer Vision

Eine Vision ist als Kompass oder Leitstern für die Mitarbeiter eines Projekts, eines Entwicklungsteams oder eines Konzerns geeignet. Die Frage „Arbeit ich gerade so, dass unsere Vision dadurch unterstützt wird" sollte während der Projektzeiten immer wieder gestellt werden. Auch bei Entscheidungskonflikten kann die Vision weiterhelfen, eine Lösung zu finden, indem wir uns fragen, welche der Entscheidungen am ehesten im Sinne der Vision ist.

Ein weiterer Vorteil einer Vision ist das Abfallprodukt „Product Vision Board". Damit haben wir für verschiedene Zielgruppen eine Antwort auf die Frage „Was macht Ihr eigentlich?".

Die Vision (Punkt 5) ist ein Slogan, dient zu Marketingzwecken für das Produkt. Eine etwas genauere Erklärung ist dann unter Punkt 3 zu finden. Wenn wir Argumente für die obere Managementebene benötigen, haben wir diese in Punkt 4 („Geschäftsziele"). Und die

Punkte 1 und 2 sind ideal, um dem mittleren Management und den Mitarbeitern zu erklären, was der Sinn und das Ziel des Projekts ist.

Das Ergebnis, also das Vision Board, sollte für alle Interessierten veröffentlicht werden (Bild 8.5).

Project Vision Board (Ergebnis)

5. DIE VISION:	Der volle Durchblick bei produktionsnahen SAP-Daten. Jederzeit, verlässlich & nutzerzentriert!	

1. Die Zielgruppe:	**2. Die Lösungen:**	**3. Das Produkt:**	**4. Die Geschäftsziele:**
✓ Sachbearbeiter ✓ Produktionsmanagement ✓ Analysten ✓ Planer ✓ Disponenten ✓ Logistiker ✓ Team/Abteilungsleiter ✓ Bereichsleitung/GF	✓ Komplexere Auswertungen ✓ Schnellere Auswertungen ✓ AdHoc Auswertungen ✓ Einheitliche, abgestimmte und freigegebene Reports ✓ Hohe Aktualität (live) ✓ Hohe Genauigkeit = Eliminieren von Fehlern ✓ Reduzierung Aufwand für Datenanalyse & Berichte ✓ Historische Betrachtung ✓ Wegfall komplizierter VBS-Codes ✓ Einfacheres Berechtigungsmanagement ✓ Eliminierung von User-Fehlern	✓ Selfservice BI-Lösung für produktionsnahe SAP-Daten	✓ Gewinnerhöhung: Weniger falsche Entscheidungen (Unterstützung des ROI) ✓ Umsatzerhöhung: Aufdeckung stiller Reserven (Kapazitäten, WCM, ...) ✓ Aufbau von Kompetenzen des Zukunftsthemas Datenanalyse ✓ Unterstützung von Zukunftsthemen (durch Datenbasis & Auswertungen) ✓ Verlässliche Handlungsempfehlungen ✓ Nutzerzentriertes Datenhandling

Bild 8.5 Das Beispiel eines fertig ausgefüllten Vision Board

■ 8.4 Die Planung in Scrum

Im agilen Framework Scrum wird zunächst kurzfristig geplant, nur für einen Sprint. Das bedeutet aber nicht, dass sich unser Scrum Team blind von Sprint zu Sprint hangeln muss. Der Product Owner kennt sehr wohl den Projektplan und die mit den Kunden und dem Projektmanagement abgestimmten Milestones und Release-Termine. Erst durch den gesamten Überblick über das Projekt, das sogenannte „Big Picture", hat er die Möglichkeit, User Storys effektiv für die Sprintbacklogs vorzubereiten.

Viele Arbeiten bekommen oft erst eine höhere Priorität, wenn sie in Abhängigkeit von anderen Umsetzungsthemen betrachtet werden. Eine User Story mag alleine für sich betrachtet nicht so wichtig erscheinen. Aber wenn ihre Umsetzung die Voraussetzung für andere, höher priorisierte Storys ist, muss diese eine User Story eine höhere Priorität bekommen als sie für sich alleine gehabt hätte.

Ein typisches Beispiel in IT-Projekten sind technische Vorbereitungen wie Systemaufbau, Datenbankkonfigurationen oder Datenbereitstellung, ohne welche andere User Storys nicht umsetzbar wären. Dazu werden oft Unteraufgaben (Sub Tasks) in einer User Story erstellt, denn die Story an sich ist immer die Sicht des Kunden. Umsetzungstätigkeiten werden als Sub Tasks behandelt, die immer einer oder mehreren User Storys zuarbeiten.

Das Transferieren von Kundenanforderungen in Epics (Abschnitt 8.5) und User Storys wird vom Product Owner im ersten Schritt aufgrund der Priorisierung der Anforderungen durch den Kunden gemacht. Der Detailgrad ist dabei noch sehr grob. Feinschliff bekommen die Storys dann in den entsprechenden Refinement-Terminen mit dem Entwicklerteam. Als Ergebnis dieser Events werden Storys geändert, befüllt, detailliert, in mehrere andere Storys zerlegt („geschnitten“) oder bekommen Arbeitspakete (Sub Tasks) zugewiesen.

Das alles ist, neben der laufenden Priorisierung der Backlogitems (User Storys, Sub Tasks, Fehlertickets), das Tagesgeschäft des Product Owners. Er gibt also im Sinne des Kunden vor, was das Team als Nächstes umsetzen soll. Ob und wie es umgesetzt wird, entscheidet am Ende des Tages das Entwicklerteam. Es kann also passieren, dass Umsetzungen technisch erst zu einer späteren Zeit möglich sind oder gewisse Features anders aussehen werden als gerade gewünscht, was aber kein Nachteil sein muss. Genau das sollte dem Auftraggeber klargemacht werden.

Der Umstand, dass nicht alle geforderten Eigenschaften eines Produkts umgesetzt werden, sieht im ersten Moment vielleicht wie ein Risiko für den Kunden aus, weil der Auftraggeber das Gefühl hat, dass er nicht weiß, was er am Ende der Projektlaufzeit für sein Geld bekommt. Tatsache ist jedoch, dass genau das im klassischen Umfeld genauso passieren wird. Egal wie lange und gut wir im Wasserfallmodell planen, ob es klappt, wissen wir immer erst hinterher.

Es gibt aber einen entscheidenden Vorteil bei Scrum gegenüber dem klassischen Projektvorgehen: Wir haben nach jedem Sprint eine feste Feedbackschleife. Diese ist für alle Stakeholder wie Kunden, Auftraggeber, Projektpartner und alle, die sich für das Projekt interessieren, gedacht. Diese Veranstaltung nennt sich „Sprint Review“. Hier wird am Ende jedes Sprints, also alle paar Wochen, gemeinsam betrachtet, ob sich das Produkt auch zur Zufriedenheit des Kunden entwickelt. Somit kennt der Auftraggeber von Anfang an den Herstellungsgrad des Produkts und kann aktiv mitgestalten, in welche Richtung es sich weiterentwickeln soll.

Im agilen Vorgehen haben wir außerdem den Vorteil, dass die Entwickler nicht stur den Anforderungskatalog abarbeiten, sondern sie denken aktiv mit, mache Vorschläge, verbessern die Features. So entstehen meistens Produkteigenschaften, von denen der Auftraggeber vorher nicht einmal geträumt hat. Und durch die kurzen Produktions- und Kontrollzyklen innerhalb eines Sprints ist das Team immer eng am Puls der Endkunden und deren, sich oft ändernden, Bedürfnissen. Dadurch entsteht ein Ergebnis, das vielleicht anders aussieht als ursprünglich angenommen, das aber auf jeden Fall besser und hochwertiger ist. Und das ohne zusätzliche Mehrkosten.

Genau das ist die Stärke von Scrum. Der Auftraggeber bekommt mehr für sein Geld als es in der klassischen Umsetzung möglich ist. Und umso länger ein Projekt dauert, umso stärker wirkt dieser qualitätssteigernde Effekt.

■ 8.5 Epics und User Storys

Für eine übergreifende Planung, die größer als die Sprints ist, nutze ich gerne ein riesiges, physikalisches Projektboard. Niemand verbietet dem Product Owner, im agilen Umfeld schon mal erste User Storys für die nächsten Sprints einzuordnen. Ob das alles so passt, wird dann bei Zeiten durch das Team (bei Refinements and Planning) untersucht.

Ich habe in verschiedenen Projekten erlebt, dass der Wert von Epics immer unterschätzt wurde. Diese bilden eine Klammer, eine Überschrift über verschiedene User Storys. Sie fassen die Storys also als übergeordnetes Thema zusammen.

Wenn der Product Owner zum ersten Mal die Anforderungen bekommt, kann er diese grob zerlegen. Dann baut er seine User Storys und teilt diese den Epics zu.

 Beispiel: Das Frühstück als Produkt

Wenn ich ein Backlog für die Anforderungen der Zubereitung meines Frühstücks erstellen will, könnte das ungefähr so aussehen. Ich lasse dabei bewusst eine Vision und die Formel für Storys „Als WER möchte ich WAS und WARUM" weg.

Featureliste:

- Tee
- Kaffee
- Rührei
- Gedeckter Tisch
- Wurst/Käseplatte
- Butter
- Marmelade
- Salz und Pfeffer
- Frischgepresster Orangensaft

Man könnte aus jedem dieser Punkte nun eine eigene User Story machen. Wenn wir uns jedoch die Komplexitäten ansehen, also die Schritte, die zu erledigen sind, bis eine einzelne Story fertig ist, sind diese sehr unterschiedlich. Rührei zuzubereiten beinhaltet viel mehr Arbeitsschritte als Salz und Pfeffer auf den Tisch zu stellen. Sehen wir uns die Sub Tasks dazu genauer an.

User Story: Rührei zubereiten

1. Eier aus dem Kühlschrank holen
2. Kochutensilien vorbereiten (Pfanne, Kochlöffel)
3. Zusätzlich Lebensmittel vorbereiten (Öl, Salz, Pfeffer)
4. Herd einschalten
5. Pfanne auf den Herd stellen
6. Öl in der Pfanne erhitzen
7. Eier in die Pfanne geben

8. Rühren bis das Rührei fest genug ist

9. Rührei würzen

10. Herd ausschalten

11. Den Pfanneninhalt auf den Teller geben

User Story: Salz und Pfeffer bereitstellen

1. Salz und Pfeffer aus dem Schrank nehmen

2. Kontrollieren, ob gefüllt, ansonsten auffüllen

3. Salz- und Pfefferstreuer auf den Frühstückstisch stellen

Außerdem können wir verschiedene Prozesse der Umsetzung unserer Anforderungsliste zusammenfassen. Marmelade und Butter stehen in der Regel im Kühlschrank, aus dem ich sie holen muss. Daher würde es sich anbieten, den Prozess „Holen aus dem Kühlschrank" zu nutzen und gleich auch die Eier mitzunehmen. Das spart einen Weg sowie einmal Kühlschranktür öffnen und schließen.

In diesem Fall wäre eine User Story empfehlenswert, die zum Beispiel „Frühstücksutensilien bereitstellen" heißen könnte. Da packe ich als Sub Tasks die Bereitstellung der Marmelade, die Bereitstellung der Butter und die Bereitstellung von Salz und Pfeffer auf dem Frühstückstisch zusammen.

Tee und Kaffee zuzubereiten ist auch oft ähnlich, jedoch sind da nicht alle Prozesse gleich. Die Kaffeemaschine ist anders zu bedienen als der Teekocher. Ok, Tassen mögen vielleicht im selben Regal stehen, aber viele Arbeitsschritte sind nicht so einfach zu kombinieren. Hier könnte je eine User Story erstellt werden und diese mittels eines Epics „Frühstücksgetränke" zusammengefasst werden. Hier würde dann auch noch die User Story „Orangensaft zubereiten" reinpassen.

Das Ergebnis könnte so aussehen:

Product Backlog

Epic: Frühstücksvorbereitungen

- *User Story: Tisch decken*
    - Teller aus dem Schrank holen
    - Essbesteck aus der Küchenschublade holen
    - Tischdecke aus dem Schrank holen
    - Servietten aus der Küchenschublade holen
    - Tischdecke auf dem Tisch ausbreiten
    - Servietten auf den Tisch legen
    - Besteck auf den Tisch legen
    - Teller auf den Tisch stellen
- *User Story: Frühstücksutensilien bereitstellen*
    - Butter aus dem Kühlschrank holen

- Eier aus dem Kühlschrank holen

- Marmelade aus dem Kühlschrank holen

- Salz und Pfeffer aus dem Schrank holen

- Pfanne und Kochlöffel aus dem Küchenschrank holen

- Orangen vom Regal holen

Epic: Frühstücksgetränke

- *User Story: Tee zubereiten*

- *User Story: Kaffee zubereiten*

- *User Story: Orangensaft zubereiten*

Epic: Frühstückszubereitung

- *User Story: Rührei zubereiten*

- *User Story: Orangensaft zubereiten*

- *User Story: Käse-/Wurstplatte zubereiten*

Ich habe mir jetzt erspart, jeden Sub Task zu jeder User Story aufzuschreiben. Aber ich denke, es wird nun klarer, dass es oft einfacher ist, nicht alle Features als User Storys auszuführen, sondern diese nach den Vorbereitungs- und Herstellungsprozessen zu sortieren. Dadurch können viele Arbeitsschritte eingespart werden, was sich wiederum in Ressourcenersparnis niederschlägt. Diese kann ich dann sinnvoller in die Qualität der einzelnen Features stecken.

In unserem Beispiel haben wir den Schnitt der „User Storys nach Workflow (Prozessen)" vorgenommen. Es gibt aber noch einige andere Herangehensweisen.

- **Schnitt nach Workflow:** Gibt es einen Anfang, einen Mittelteil und ein Ende? Kann man diese auskoppeln? Kann man Teile davon aus unterschiedlichen Aufgaben zusammenlegen? (siehe unser Beispiel)

- **Schnitt nach funktionalen Teilen:** Wird eine Aufgabe durch nicht-funktionale Teile komplex? Kann man diese in eigene Storys auslagern? Kann man mehrere nichtfunktionale Teile von verschiedenen Aufgaben zusammen erledigen?

- **Schnitt nach Schnittstellen:** Bekommen mehrere Aufgaben von einer gleichen Quelle Bestandteile? Kann man diese zusammenlegen, damit sie gleich „auf einen Rutsch" erledigt werden?

- **Schnitt nach „simpel" und „komplex":** Besteht die Möglichkeit, einfache Teile auszukoppeln, um zuerst diese umzusetzen (Quick-Win)?

Ob die von einem Product Owner erstellten Epics und User Storys und die vom Entwicklerteam erstellten Sub Tasks passen, wird sich in den Sprints herausstellen. Die Inhalte der Storys können jederzeit überarbeitet werden, solange sie nicht von den gemeinsam im Planning vereinbarten Zielen und der Vision des Produkts abweichen.

Als Scrum Master müssen wir keine User Storys erstellen, aber trotzdem sollten wir in der Lage sein, den Product Owner mit Umsetzungstipps, die den Rahmen und die Organisation des Backlogs betreffen, zu unterstützen.

■ 8.6 Story Points

8.6.1 Allgemeines

In Scrum wird die Arbeit in Epics, User Storys und Subtasks organisiert. Um nun als Scrum Master zu messen, ob sich ein Team weiterentwickelt, also ob es sich durch die Optimierung der internen Teamprozesse verbessert und ob die Mitglieder pro Sprint mehr Arbeit schaffen, reicht es leider nicht aus, nur die Anzahl der nach dem Sprint umgesetzten User Storys zu zählen. Jede Story kann nämlich unterschiedlich komplex sein und somit nicht mit anderen vergleichbar.

Daher gibt es die „Story Points". Diese messen die Komplexität einer User Story, nicht wie lange für die Umsetzung benötigt wird.

 Was ist Komplexität?

Komplexität ist die Summe aller zu erledigenden Tätigkeiten, unabhängig von der Zeit, um eine User Story abzuschließen.

Im klassischen Projektumfeld wird nach Stunden oder PTs (Personentage) geplant. Es wird für ein Arbeitspaket geschätzt, wie lange jemand dafür benötigt und diese Schätzung in PTs umgerechnet. Dies ist notwendig, um abschätzen zu können, wann welche Zwischenergebnisse (Mile Stones) geliefert werden können.

In Scrum wird die Zeitkomponente erst mal bewusst von der Komplexität getrennt. Die Zeitkomponente kommt erst später dazu, im Sprint Planning.

Eine hohe Komplexität bedeutet nun nicht automatisch eine längere Zeitspanne für die Umsetzung, eine niedrige Komplexität nicht, dass diese Tätigkeit schnell zu erledigen ist.

Wenn wir beispielsweise die Freischaltung eines User Accounts für eine Webanwendung benötigen, ist dies ein wenig komplexes Vorhaben. Wir benötigen nicht sehr viele Schritte, um es umzusetzen. Dazu füllen wir ein Onlineformular aus, reichen es ein und warten dann, bis die Freischaltung bestätigt wird. Danach überprüfen wird, ob der Account auch funktioniert. Fertig.

Wer große Konzerne kennt, weiß aber auch, dass es schon mal aufgrund schwerfälliger Genehmigungs- und Einrichtungsprozesse ein bis zwei Wochen dauern kann, bis der Account freigeschaltet ist. Dadurch haben wir eine geringe Komplexität, jedoch einen hohen Zeitaufwand, bis die Aufgabe erledigt ist.

Als Gegenstück gibt es sehr komplexe Tätigkeiten, die trotzdem wenig Zeit beanspruchen. Das beste Beispiel ist, wenn ein Fehler in einem wichtigen System auftritt. Eine Schnittstelle muss dringend umprogrammiert werden, weil einige tausend Benutzer aktuell gerade nicht arbeiten können aufgrund der Fehlfunktion.

Hier sitzen nun beispielsweise drei Entwickler vier Stunden am Stück zusammen und beheben den Fehler. Es wird hochkonzentriert und unter Zeitdruck gearbeitet. Das ist mit Troubleshooting, Umkonfiguration, Testing und Rollout eine hochkomplexe Tätigkeit. Sie dauert jedoch nur einen halben Tag.

Wenn wir für alle Tätigkeiten nur die Umsetzungszeiten (Man Power) berücksichtigen würden, ohne die Komplexität, haben wir keine Messmöglichkeit, was das Team in einer Woche tatsächlich an Arbeit schaffen kann.

Darum nutzen wir Story Points. Die Komplexität jeder User Story, die nach dem Planning im Sprint Backlog landet, wird vom Team gemeinsam geschätzt. Am Ende des Sprints werden alle geschafften Story Points summiert, das ergibt die sogenannte „Team Velocity". Und damit haben wir einen Basiswert, der aussagt, wie viel Komplexität das Team im Sprint abgearbeitet hat.

Messungen erst ab dem fünften Sprint!

Es hat sich erwiesen, dass ein Team erst nach dem fünften oder sechsten Sprint in die Phase „Performing" kommt. Erst da macht es Sinn, die Team Velocity zu messen.

Die Summe der Story Points nach dem Sprint wird dadurch beeinflusst, ob ein oder mehrere Kollegen krank oder in Urlaub waren. Vor allem in Ferienzeiten gibt es dann einen deutlichen Einbruch der Team Velocity. Außerdem wird die Story-Point-Summe oft durch ungeplante Fehlzeiten im Sprint gemindert. Das passiert, wenn ein Vorgesetzter seine Mitarbeiter kurzerhand aus dem Sprint zieht, sei es um Probleme in einem anderen Projekt zu lösen oder Meetings abzuhalten, die nichts mit dem Sprint zu tun haben.

Echte Team Velocity berechnen

Ich habe mein eigenes Vorgehen, um eine echte „Netto Velocity" zu errechnen, egal ob Teammitglieder ungeplant oder geplant fehlen.

- Ich sammle von jedem Teammitglied die tatsächlich im Sprint geleisteten Stunden und summiere die auf eine Team-Stundenzahl, sagen wir insgesamt 540 Stunden bei einem 3-Wochen-Sprint.
- Danach ermittle ich die Velocity des Sprints, zum Beispiel 342 Story Points.
- Dann stelle ich die tatsächlich im Sprint geleisteten Stunden gegen die erreichten Story Points: 343/540 = 0,6351 Story Points.

Mein Team hat also aktuell eine Velocity von 0,6 Punkte pro Stunde.

Diese Art der Messung ist viel genauer als nur einfach die erreichten Story Points zu betrachten. Und sie gibt die Möglichkeit eines besser „Forecasts". Haben wie nämlich eine Story mit Story Points belegt, können wir danach in etwa sagen, wie viele Stunden das Team benötigt, diese zu erledigen.

Trotz aller schönen Modelle von Vorgehensweisen sollten wir eines nie vergessen: Dies sind nach wie vor alles Schätzungen, genauso wie das im klassischen Projektmanagement mittels Projektplan passiert.

Wann soll das Team Story Points schätzen?

Viele Scrum Teams belegen ihre User Storys bereits im Refinement mit Story Points. Ich rate davon ab. Wir sollten im agilen Umfeld ja auch dem „Lean-Gedanken" nachstreben. Das bedeutet: keine Verschwendung von Ressourcen.

Wenn wir also im Refinement Story Points vergeben, die entsprechenden Storys es dann aber im Planning nicht oder nur teilweise in das Sprint Backlog schaffen, haben wir diese Zeit mit Schätzung verschwendet. Daher mache ich mit meinen Teams die Story-Point-Schätzungen immer nach erfolgter Befüllung des Sprint Backlogs am Ende des Plannings.

8.6.2 Story-Point-Vergabe

Ich habe im Vorwort dieses Buchs erwähnt, dass dies kein Scrum-Lehrbuch ist und ich davon ausgehe, dass der Leser bereits eine gute Idee davon hat, was Scrum ist und wie das Framework funktioniert. Da ich aber immer wieder danach gefragt werde, wie ich mit meinen Teams Story Points vergebe, finden sich in diesem Abschnitt ein paar Informationen dazu.

Planning Poker

Dies ist das Standardwerkzeug für die Schätzung von Story Points. Dabei bekommt jedes Teammitglied einen Satz Spielkarten, auf denen Zahlenwerte aufgedruckt sind.

Diese Planning-Poker-Karten sind in der Standardversion mit den Werten 1, 2, 3, 5, 8, 13, 20, 40 und 100 belegt. Es gibt eine Menge Erweiterungen, wie die Kartenwerte „0" oder „1,5". In den Kartensätzen finden sich beispielsweise auch oft Karten mit aufgedruckten Kaffeetassenmotiven („Pause") oder einem Fragezeichen („?"), welches die Bedeutung von „keine Ahnung" hat.

Welche Art für das Team genutzt wird, ist zweitrangig. Wichtig ist nur, dass immer dieselbe Art von Karten eingesetzt wird, damit das Team mit der Zeit ein eigenes „Story-Point-Wertesystem" aufbauen kann. Da so jedes Team mit der Zeit selber entscheidet, wie viele Punkte eine „einfache", eine „mittelkomplexe" und eine „hochkomplexe" Story haben kann, sind die Velocities von Teams auch nicht miteinander vergleichbar.

Das Vorgehen beim Planning Poker ist simpel: Der Product Owner stellt die zu schätzende User Story kurz vor. Diese ist dem Team bereits gut bekannt, da nur User Storys ins Planning gelangen dürfen, die durch die Einhaltung der „Definition of Ready" bereit für den Sprint sind. Und diese Story wurde ja auch bereits in den Sprint Backlog überführt. Also darf es dazu keine Fragen mehr geben. Wenn doch Unklarheiten auftreten, wurde die Story nicht genug „refined" und fälschlicherweise in das Sprint Backlog geholt und sollte sofort wieder daraus entfernt werden.

Aber wir gehen nun mal davon aus, dass die Story, die der Product Owner nennt, dem Team bekannt ist. Nun wählt jeder Entwickler für sich verdeckt aus seinem Kartenset eine Karte aus mit dem Story-Point-Wert, der seiner Meinung nach, die Komplexität der User Story beschreibt. Auf ein Kommando des Scrum Masters legt jeder seine Karte offen auf den Tisch.

Jetzt erklärt das Teammitglied mit dem niedrigsten Kartenwert und das mit der höchsten Karte, warum es gerade diesen Wert gewählt hat. Die Idee dahinter ist, dass Aspekte oder Bedenken zur Sprache kommen, die den anderen Kollegen vielleicht noch unbekannt sind.

Danach wird noch einmal eine Runde Planning Poker durchgeführt. Spätestens bei der dritten Runde sollte es eine starke Annäherung der Werte geben. Wenn nicht, dann nehme ich den Durchschnittswert aller Karten.

Wenn die Teams persönlich und arbeitstechnisch bereits gut zusammengewachsen sind, werden sie oft bereits in der ersten Runde eine sehr gute Annäherung an einen gemeinsamen Wert haben.

Diese Art der Punktevergabe benötigt, vor allem in den ersten vier bis fünf Sprints, viel Zeit und ich nutze sie nur bei einer User-Story-Anzahl unter zwanzig.

Estimation Game

Sollen mehr als zwanzig Storys geschätzt werden, nutze ich das „Estimation Game". Dieses spart Zeit, wenn es darum geht, vielen User Storys Punkte zuzuordnen.

Für die Durchführung werden alle zu schätzenden Storys stichwortartig auf einzelne, selbstklebende Karten geschrieben oder ausgedruckt. Dann brauchen wir noch eine große, glatte Fläche, um die Karten darauf kleben zu können. Sollte kein entsprechend großes Board vorhanden sein, tut es auch eine Schrank- oder Eingangstür, auch ein Fenster funktioniert.

Die Karten werden auf der Fläche erst mal so positioniert, dass sie für jeden Teilnehmer mühelos erreichbar sind.

Der Scrum Master nimmt nun eine beliebige User Story, liest diese vor und klebt sie als „Startkarte" in die Mitte der vorbereiteten, glatten Fläche. Nun holt sich ein Teammitglied eine andere User Story, liest diese vor und klebt sie neben, über oder unter die bereits vom Scrum Master geklebte User Story. Die Positionierung der neuen Story hängt davon ab, ob nach Meinung des Teammitglieds die Story komplexer, gleich komplex oder weniger komplex als die Startkarte ist. Je nachdem wird diese über, neben oder unter die vom Scrum Master angebrachte User Story geklebt.

Es empfiehlt sich, Platz zu lassen zwischen den vertikal angeordneten Karten, um neue Karten dazwischen schieben zu können. Das spart ein umständliches „Umkleben" der Reihe, wenn mal ein Teammitglied der Meinung ist, dass eine User Story zwischen zwei bereits geklebte Karten gehört.

Der nächste Teilnehmer verfährt genauso, hat aber nun die Möglichkeit, eine einzelne Karte des Stapels zu verschieben, wenn er der Meinung ist, dass die Story des Vorgängers an eine andere Position gehört.

Nun werden so reihum von allen Teammitgliedern die User Storys einsortiert. Merkt der Scrum Master, dass ein Zettel mehr als dreimal verschoben wird, deutet das auf Uneinigkeit im Team hin und muss noch einmal diskutiert werden. Er nimmt diese Story erst mal aus dem Spiel.

Nach einiger Zeit sollten alle User Storys an der Wand hängen und in mehrere horizontale Reihen (Lanes) einsortiert sein.

Im nächsten Schritt wird das klassische Planning Poker genutzt, um jeder Reihe einen Story-Point-Wert zuzuordnen. Nun wird noch über die aus dem Spiel genommenen Karten gesprochen und diese, wen möglich, eingeordnet.

Dadurch bekommen alle Storys in einer Reihe die gleichen Story-Point-Werte zugewiesen. Das ganze Vorgehen spart Zeit und durch die Interaktion kommt auch etwas Bewegung ins Team.

Magic Estimation

Wenn ich als Scrum Master bemerke, dass mein Team etwas bewegt werden muss, nutze ich für die Schätzungen eine Variante des „Estimation Games", nämlich die „Magic Estimation".

Auch hier bereite ich alle User Stories auf Zetteln vor und lege diese auf den Boden. Dann lege ich, in einem möglichst großen Raum oder langen Flur, jede einzelne Zahlenkarte eines Planning-Poker-Sets mit großem Anstand voneinander aus.

Der erste Teilnehmer wählt sich eine User Story und legt diese zu der seiner Meinung nach passenden Planning-Poker-Karte. Ab dem zweiten Teilnehmer ist der Ablauf gleich: Das Teammitglied platziert eine User Story bei einer für ihn/sie passenden Pokerkarte auf dem Boden und darf eine bereits liegende Karte verschieben, wenn es der Meinung ist, dass sie woanders hingehört. Auch hier hat der Scrum Master die Aufgabe, Storys aus dem Spiel zu nehmen, die mehr als dreimal verschoben wurden.

Nach Verteilung aller User Storys auf die entsprechenden Planning-Poker-Karten werden die Werte der Karten in die User Storys eingetragen. Aus dem Spiel genommene Stories müssen noch einmal gemeinsam betrachtet und zugeordnet werden.

8.6.3 Der Return On Investment

Der „Return On Investment" (ROI) ist ein wichtiger Faktor der Wirtschaftlichkeit eines Projekts. Er entscheidet im Vorfeld oft, ob ein Projekt überhaupt durchgeführt wird. Er zeigt auf, ob und wie viel Gewinn ein Projekt einbringt.

Was ist der Return On Investment?

Der Begriff Return On Investment (ROI) bezeichnet ein Modell zur Messung der Rendite einer unternehmerischen Tätigkeit, gemessen am Gewinn im Verhältnis zum eingesetzten Kapital. Er wird auch Kapitalrentabilität, Kapitalrendite, Kapitalverzinsung, Anlagenrentabilität, Anlagenrendite oder Anlagenverzinsung genannt.

Der ROI ist also die prozentuale Relation zwischen Investition und Gewinn.

Traditionelles Accounting berücksichtigt nur die Kosten der Entwicklung eines Produkts, die Projektdurchführungskosten. Eine ausgeglichene Herangehensweise betrachtet aber auch die langfristigen Folgekosten und den Wert eines Produkts. Das bedeutet, es müssen die Auswirkungen von Kurzzeitentscheidungen bei der Herstellung im Projekt auf den langfristigen ROI berücksichtigt werden. Wir sollten den ROI über den kompletten Lebenszyklus des Produkts, nicht nur über die Zeit der Herstellung, betrachten.

Von folgenden Faktoren ist der „Return On Investment", am Beispiel von Software, abhängig:

- Vorhandensein von wertvollen Funktionen des Produkts

- Fehlen von niederwertigen Funktionalitäten, die trotzdem unterhalten und gewartet werden müssen, wenn sie realisiert sind

- Qualitätscode, der mittels gut planbarer und prognostizierbarer Tätigkeiten einfach wartbar ist

- Qualitätscode, der ohne unvorhersehbares Verhalten oder Risikosteigerung geändert und/oder verbessert werden kann

- Möglichkeit, Fehler durch sauberen Code schnell und sauber beheben zu können

Aber wie kann der ROI nun durch Scrum optimiert werden? Dies ist einfach, da die agilen Vorgehensweisen genau dies unterstützen, nämlich den Wert des Produkts zu steigern, ohne den Einsatz von ungeplanten, zusätzlichen Kosten und Zeit.

- **Product Owner:** Der PO steigert den ROI, indem er dafür sorgt, dass nur „wertvolle" Features vom Entwicklerteam umgesetzt werden. Dafür priorisiert er laufend das Backlog.

- **Das Entwicklerteam:** Dieses steigert den ROI dadurch, dass die Produktivität pro Sprint (Velocity) durch die gemeinsame Optimierung der selbstorganisierten Prozesse laufend erhöht wird. Das bedeutet, laufende Erhöhung der Anzahl Backlog Items, die umgewandelt werden in Produktfeatures, den sogenannten „Potential Shippable Done Funktionalitäten".

Die Entwickler erhöhen außerdem den ROI durch Einsatz einer vollständigen und regelmäßig auf den Prüfstand gestellten Definition of Done (DoD). Diese optimiert die Wartbarkeit, Nachhaltigkeit und Verbesserungen des Produkts. Und die DoD sollte nach jedem Sprint noch einmal auf das ganze Produkt angewendet werden, was die Gesamtqualität sichert.

Die Wechselwirkungen bei diesem Vorgehen liegen klar auf der Hand: Die Fehler, die im Nachhinein nicht gefixt werden müssen, vermindern später die Kosten der Wartung, die Kosten der Fehlerbehebung und die Kosten des Betriebs. Design und Code, der nicht refakturiert werden muss, macht die Weiterentwicklung weniger schwierig und dadurch auch kostensparender. Und eine Testautomatisierung bedeutet, schnelle Voraussagen zu haben, ob es nach Änderungen des Produkts zu Fehlern oder Crashes kommen kann.

9 Übergreifende Unterstützung

Als Scrum Master sind wir dafür verantwortlich, unser Team dabei zu unterstützen, ein selbstorganisiertes, motiviertes „High Performance"-Scrum-Team zu werden. Darüber hinaus sollte der Scrum Master jedoch auch ein Katalysator für die „Agilisierung" der Stakeholder des Teams sein. Zur Gruppe der Stakeholder gehören Auftraggeber, Zulieferer und direkte Manager oder Vorgesetzte der Teammitglieder.

 Der Begriff „Stakeholder" setzt sich aus den beiden englischen Wörtern „stake" (Anspruch) und „holder" (Besitzer) zusammen.

9.1 Das Stakeholder-Management

Wir wollen in unserer Rolle als Scrum Master die Stakeholder unseres Scrum Teams dabei unterstützen, folgende Themen zu verstehen:

- Was bedeuten Scrum und Agilität?
- Wie arbeitet das Scrum Team?
- Was können wir tun und wie sollten wir uns verhalten, um das Scrum Team zu unterstützen?
- Was können wir tun und was sollten wir unterlassen, um das Scrum Team nicht zu behindern?

Dazu muss im Vorfeld aber erst einmal klargestellt werden, wer die Stakeholder sind. Dafür nutzen wir das Stakeholder-Management. Dieses dient dazu, die wichtigsten Interessensgruppen und deren Bedürfnisse zu ermitteln, um diese bei der Projektplanung und Projektdurchführung zu berücksichtigen. Damit können frühzeitig Risiken vom Projekt abgewendet werden.

Hierzu sind drei Aufgaben zu meistern:

1. **Identifizieren:** Es werden alle Stakeholder identifiziert und mit Namen, Rolle und Kontaktdaten in einer Stakeholder-Liste dokumentiert. Diese sollte regelmäßig überarbeitet werden, da sich hier laufend Änderungen ergeben werden. Neue Personen kommen hinzu und andere verlieren ihr Interesse am Projekt oder Produkt.

2. **Analysieren:** Hier werden die Ziele und Einstellungen der identifizierten Stakeholder eruiert und in der Stakeholder-Liste dokumentiert. Die Analyse sollte ebenfalls regelmäßig überarbeitet werden.

3. **Kommunizieren:** Von der richtigen Kommunikation mit den Stakeholdern hängt der Erfolg der „Agilisierung" ab. Hier besteht die Herausforderung darin, mit jedem Stakeholder so zu kommunizieren, dass für ihn gefühlt seine Ziele im Vordergrund stehen und diese unterstützt werden. Dazu ist es natürlich unerlässlich, diese auch zu kenne. Aber dafür haben wir ja in Schritt zwei die Stakeholder-Liste vervollständigt.

Die Stakeholder-Liste mit den wichtigsten Personen, ihren Kontaktdaten, Zielen und Bedürfnissen wird gemeinsam mit dem Scrum Team in einem entsprechenden Workshop erstellt. Wer die wichtigsten Stakeholder sind, ist von Projekt zu Projekt verschieden.

 Stakeholder werden auch „Ansprechgruppen" genannt

Dies können Einzelpersonen, Interessengruppen oder Institutionen sein, die vom Projekt direkt oder indirekt betroffen sind oder in irgendeiner Weise ein Interesse daran haben.

Für die erfolgreiche, direkte Kommunikation mit einem Stakeholder, gibt es ein paar wichtige Punkte zu beachten:

- **Die Rolle:** Im Umgang mit einem Stakeholder ist immer seine Rolle in Bezug auf das Team zu berücksichtigen. Wenn ich jemanden vor mir habe, der ein partnerschaftlicher „Zulieferer" ist, wie beispielsweise ein Mitarbeiter einer anderen Abteilung, werde ich mit ihm ganz anders kommunizieren, als wenn er zum Beispiel Kunde, Auftraggeber oder ein Manager, der das Projekt sponsert, ist.

- **Vertrauensaufbau:** Es ist wichtig, Vertrauen aufzubauen, da nur so heikle Themen offen angesprochen werden können und eine ehrliche Kommunikation ohne „Hidden Agendas" möglich ist. Dazu gehört Authentizität gegenüber dem Stakeholder und laufende Signale in Richtung Partnerschaftlichkeit.

- **Verständnis zeigen:** Wir sollten darauf achten, in welcher Situation der Stakeholder sich gerade befindet und was das Ziel seines Interesses am Projekt oder Produkt ist. Welche Motivation hat er? Umso mehr der Stakeholder uns als Partner sieht, welcher ihm hilft, seine Ziele zu erreichen, umso offener wird er sein, wenn wir ihm beibringen wollen, wie unser Scrum Team arbeitet und durch welches Verhalten er es unterstützen kann.

■ 9.2 Stakeholder-Unterstützung

Durch die Arbeit mit den Stakeholdern ergeben sich oft von deren Seite Anfragen für Unterstützung, die nicht direkt mit dem Scrum Team oder Projekt zu tun haben. Das kann die Moderation eines Managementmeetings sein oder eine Anfrage für einen agilen Workshop auf Seiten des Kunden.

Dabei sollten wir uns immer selber fragen, wo wir die Grenze unseres Auftrags, das Scrum Team zu unterstützen, überschreiten. Natürlich ist es wichtig, dem Kunden Agilität näherzubringen, aber wenn er versucht einen kostenlosen Workshop für seine Mitarbeiter über uns zu bekommen, schießen wir eindeutig am Ziel vorbei.

Ich mache solche „Sonderlocken" nur dann, wenn ich damit dem Team eindeutig weiterhelfe und auch die Zeit dazu habe, ohne dabei mein Team zu vernachlässigen.

10 Praxisthemen

10.1 Agile Veranstaltungsformate

10.1.1 Allgemeines

Seit es das „Agile Manifest" gibt, haben sich viele agile Veranstaltungsformate, sogenannte „Agile Events", entwickelt. Meistens basieren diese auf den gleichen Vorgehensweisen, jedoch in unterschiedlichen Organisationsformen.

Der Grundgedanke dabei ist, über die Ideen und Inspirationen in den Köpfen der Teilnehmer nicht nur zu reden, sondern sie zu visualisieren. Damit wird ein gemeinsamer Blick auf eine Situation möglich und Veränderungen können physikalisch verdeutlicht werden.

Die „Themensammlung" (Abschnitt 10.1.2) und die „Themenpriorisierung" (Abschnitt 10.1.3) sind die Basis für viele Agile Meetingformate.

10.1.2 Die Agile Agenda

Es gibt in Scrum Workshops oder Events wie die Retrospektive, die außer einer Time-Box und einem Ziel für die Veranstaltung keine vorher festgelegte Agenda haben.

Um in solchen Veranstaltungen Themen zu sammeln, werden Moderationskarten oder Klebezettel genutzt. Jeder Teilnehmer schreibt pro Idee oder Aussage zu einem Thema je einen Zettel. Diese werden dann von dieser Person vorgestellt und im Raum gut sichtbar angebracht.

Dazu kann alles genutzt werden, was genug Platz bietet. Ein Flipchart oder Whiteboard, eine Planwand, eine Zimmerwand oder auch mal ein Fenster oder ein großer Tisch. Ich habe schon mal Klebezettel auf einem großen Plasma-TV-Gerät oder einer Büroschranktür angebracht.

Danach werden die Themen vom Moderator (oder den Teilnehmern) geclustert. Das bedeutet, gleiche oder ähnliche Aussagen werden zu einer Gruppe zusammengefasst, indem die Zettel in dieser Themengruppe überlappend angebracht werden.

Was bringt eine Agile Agenda?

Die Idee hinter einer Agenda, die erst in der Veranstaltung von den Teilnehmern gemeinsam erstellt wird, ist, dass hier nur Themen angesprochen werden, welche die Anwesenden auch wirklich interessieren. Somit kann der höchstmögliche Nutzen durch jeden Teilnehmer aus der Veranstaltung gezogen werden.

10.1.3 Themenpriorisierung

Als nächsten Schritt werden die geclusterten Themengruppen priorisiert, um die für die Eventteilnehmer wichtigsten Themen zuerst zu bearbeiten. Der Vorteil einer solchen Reihung ist auch, dass, wenn die Zeit nicht für die Abarbeitung aller Themen reicht, zuerst die wichtigsten Agendapunkte behandelt werden und danach die nicht so wichtigen übrigbleiben. Somit wurde in der verfügbaren Zeit (Time-Box) der größtmögliche Mehrwert erzeugt.

Die Priorisierung findet idealerweise durch Vergabe von Punkten zu den Themen durch jeden Teilnehmer statt. Das bedeutet, jeder darf eine bestimmte Anzahl Punkte auf die Themengruppen verteilen, je nachdem, wie wichtig ihr oder ihm das Thema ist. Das können nun Klebepunkte sein oder einfach mit einem Stift aufgemalte Markierungen. Die Anzahl der Punkt, die jeder vergeben darf, sollte der Scrum Master von der Anzahl der Karten abhängig machen. Mehr Themen, mehr Punkte. Meine Faustregel ist in etwa eine 1 : 1-Beziehung zur Anzahl der Karten, nicht der Themengruppen!

Sobald jeder Teilnehmer seine Punkte auf die Karten verteilt hat, werden diese vom Scrum Master pro Karte summiert und danach die Themen mit von oben absteigender Punktezahl sortiert.

10.1.4 Die Retrospektive

Allgemeines

Die Retrospektive ist eines der wichtigsten Events im agilen Umfeld und auch in Scrum ein zentrales Element. Ziel dieser Veranstaltung ist es, Verbesserungspotenzial aufzudecken und mit den Teilnehmern gemeinsam Vorgehensweisen zu vereinbaren, wie behindernde Elemente (Impediments) beseitigt werden können. Dadurch entstehen Ansätze zur Optimierung der gemeinsamen Arbeitsweise. Hier wird auch versucht, positive Elemente in der Zusammenarbeit zu identifizieren und zu überlegen, wie diese noch verstärkt werden können.

Die Sprint Retrospektive ist bei Scrum das wichtigste Event und folgendermaßen aufgebaut:

- **Themensammlung Positives:** Welche Themen liefen im letzten Sprint sehr gut?
- **Themensammlung Negatives:** Welche Themen haben uns im letzten Sprint in unserer Arbeit behindert oder diese sogar verhindert (Impediments)?

- **Clustern und Priorisieren:** Die Themen werden mit Punkten belegt und sortiert (Abschnitt 10.1.3).

- **Action Points Negativ:** Gemeinsame Festlegung von Vorgehensweisen, wie die am höchsten priorisierten Negativ-Themen behoben werden können.

- **Action Points Positiv:** Gemeinsame Festlegung von Vorgehensweisen, wie die am höchsten priorisierten Positiv-Themen mitgenommen oder sogar noch verstärkt werden können.

Dies ist die einfachste Vorgehensweise bei einer Retrospektive. Bei einer solchen Positiv/Negativ-Sammlung kommen meistens nur Symptome, die in der Regel auf tieferliegenden Problemen basieren, zu Tage. Wenn es die Zeit zulässt, empfehle ich erweiterte Methoden, um die Gründe für die Impediments zu erfahren. Möchte ich in die Tiefe gehen, um die wahren Ursachen zu finden, lohnt es sich, das Event mit systemischen Fragen, zum Beispiel in Form einer „Heldenreise" (Abschnitt 10.1.5) zu gestalten.

Es ist wichtig, dass jeder Scrum Master viele retrospektivische Vorgehen ausprobiert, um dann diese zu finden, die ihm am besten liegen. Zur Inspiration gibt es im Internet den „Retromat", der Vorschläge für die Durchführung der einzelnen Stufen der Retrospektive gibt. Ich habe den Link in Abschnitt 13.2 aufgelistet.

Die Retrospektive im Detail

Eine angenehme Eigenschaft von Retrospektiven ist der jedes Mal gleiche Basisablauf:

1. **Begrüßung und Herstellung einer angenehmen Gesprächsatmosphäre:** Ich starte dabei oft mit Small Talk, der Frage, wie es jedem geht, oder mit einem kleinen „Ankommenspiel".

   Das kann zum Beispiel „Daily Hashtag" sein. Dabei bitte ich die Teilnehmer, mir ihre aktuelle Stimmung in einem einzigen Hashtag auszudrücken und auch zu erklären, was es damit auf sich hat. Eine andere Möglichkeit ist, viele verschiedene Postkarten mit unterschiedlichsten Motiven auf dem Boden auszubreiten. Dann wählt jeder Teilnehmer eine Postkarte, die ihm spontan gefällt, und erklärt dann, warum er gerade diese ausgesucht hat. Oder ich bitte alle Teilnehmer, ihren Schlüsselbund vor sich auf den Tisch zu legen und etwas dazu zu erzählen. Die Varianten und Möglichkeiten solcher „Ankommenspiele" sind sehr zahlreich und ich wähle diese spontan und zur Tagesverfassung der Beteiligten passend.

   Die Intention solcher kleinen Spiele ist, dass die Anwesenden nun mit voller Aufmerksamkeit „im Raum" sind und nicht gedanklich noch bei der Arbeit oder bei privaten Problemen.

2. **Zielschärfung und Themensammlung:** Nun erkläre ich noch einmal den Sinn und das Ziel dieser Retrospektive. Danach geht es darum, die Themen der Teilnehmer zu sammeln. Dabei ist es wichtig, dass jeder für sich selber Zettel (bevorzugt Klebezettel) schreibt und sich nicht von anderen beeinflussen lässt. Pro Thema soll ein Post-It geschrieben werden, um später beim gemeinsamen Visualisieren auch einzelne Themen physikalisch durch Verschieben in die Nähe von anderen Themen bewegen zu können.

   Für die Themensammlung gebe ich feste Time-Boxes vor und bitte um absolute Ruhe, selbst wenn jemand mit seinen Klebezetteln schon fertig ist. Diesen „Denkraum" sollten wir immer geben. Anfangs sprudeln die Ideen, aber die wirklich tiefergehenden Themen kommen erst nach einer gewissen Zeit aus dem Unterbewusstsein, wenn die Stille des eröffneten Raums es zulässt. Wird in der Time-Box gesprochen, unterbricht das den Zugang zum Unterbewusstsein abrupt und wichtige Punkte bleiben unerwähnt.

3. **Themenvorstellung und Clustering:** Im nächsten Schritt werden die Themen auf den Post-Its von jedem vorgestellt und auf eine Präsentationsfläche (Abschnitt 10.2.2) geklebt. Wenn ähnliche Themen von verschiedenen Teilnehmern auftauchen, können diese geclustert werden. Dazu werden sie in unmittelbare Nähe zueinander bewegt und zusammengeklebt.

4. **Themenpriorisierung:** Nun priorisieren alle Personen gemeinsam die Einzelthemen und Themencluster. Das bedeutet, jeder bekommt eine bestimmte Anzahl Klebepunkte und platziert diese auf den Post-Its, die für ihn am wichtigsten erscheinen. Sollten keine Klebepunkte zur Verfügung stehen, können mit einem Stift Punkte auf die Karten gemalt werden. Um etwas mehr Dynamik in die Sache zu bekommen, lasse ich alle Teilnehmer die Punktevergabe vor der Präsentationsfläche gleichzeitig machen.

Danach werden vom Scrum Master die Themen und Themencluster nach der Gesamt-punktzahl von oben nach unten sortiert auf der Präsentationsfläche angeordnet.

5. **Vereinbarung weiterer Schritte:** Nun arbeiten wir gemeinsam dieses „Backlog" begin-nend mit den obersten Karten ab. Dazu setzt der Scrum Master wieder eine Time-Box, in der diskutiert wird, was mit dem Thema passieren soll und wie die weiteren Schritte dazu sind. Der Beschluss („Action Point") wird vom Scrum Master festgehalten, indem er dazu ein Post-It schreibt und dieses gut sichtbar auf der Präsentationsfläche befestigt.

So wird nun mit allen Themen verfahren, bis die Time-Box der Veranstaltung abgelaufen ist. Dadurch werden immer die Punkte zuerst behandelt, die allen gemeinsam am wich-tigsten erscheinen, also die mit der höchsten Gesamtpunktezahl nach der Themenprio-risierung. Die restlichen Themen werden in die nächste Retrospektive mitgenommen, um sie dort mit den neu hinzukommenden Themen zu priorisieren.

6. **Verabschiedung und Nachbearbeitung:** Am Ende der Veranstaltung lasse ich mir gerne Feedback geben, ob das Format gut angekommen ist. Dazu nutze ich zunächst ein „Blitzfeedback", das nicht viel Zeit in Anspruch nimmt. Merke ich aber, dass das Event insgesamt nicht gut gelaufen ist, werde ich das in einer der nächsten Retrospektiven zum Thema machen.

Es gibt viele Formen des Blitzfeedbacks. Ich nutze gerne „Fist of Five", das bedeutet, auf ein Kommando hebt jeder Anwesende eine Hand und zeigt ein bis fünf Finger, je nach-dem, wie gut es gefallen hat. Dabei sollte auf jeden Fall vorher geklärt werden, ob es nach Schulnoten (1 = Perfekt, 5 = Unterirdisch) oder nach Punkten (1 = Am schlechtes-ten, 5 = Am besten) gehen soll.

Eine andere Möglichkeit eines zeitsparenden Feedbacks ist ein Plakat, auf dem eine „Stimmungskurve" gezeichnet wurde. Die kann mit ein bis fünf verschiedenen „Smi-leys", oder „Pluszeichen" und „Minuszeichen" beschriftet sein.

Plakat für Blitzfeedback

Das Plakat wird an der Ausgangstür befestigt und jeder Teilnehmer, der den Raum verlässt, kann einen Klebepunkt auf die Stimmungskurve kleben, je nachdem wie es ihm gefallen hat. Nach dem Ende der Veranstaltung dokumentiert der Scrum Master alle Ergebnisse, indem er Fotos macht und diese dann da ablegt, wo nur das Team Zugriff darauf hat.

Ich stelle es dem Team auch frei, ob ich User Storys für alle gemeinsam beschlossenen „Action Points" erstellen soll, damit das Team diese in den nächsten Sprint mit aufnehmen kann. Dadurch ist gewährleistet, dass die Vereinbarungen nicht vergessen und auch tatsächlich umgesetzt werden. Wenn das Team keine User Storys wünscht, werden die „Action Points" wie üblich ins Team Backlog geschrieben und der Scrum Master unterstützt dabei, dass diese umgesetzt werden.

10.1.5 Die Heldenreise

Eine meiner Lieblingsretrospektiven ist die „Heldenreise". Dieses Tool bietet gegenüber dem einfachen Einsammeln von positiven und negativen Punkten einen Vorteil: Wir lenken unsere Gedanken nicht nur nach außen auf die Punkte, die im Sprint und im Team gut oder schlecht gelaufen sind, sondern auch nach innen und reflektieren uns selbst. Damit wird noch einmal klar, was jeder persönlich durch den letzten Sprint für sich erreicht hat. Dies kann sehr motivierend sein.

Das Setting der Heldenreise sieht folgendermaßen aus:

- Ein Plakat (Flipchart) mit vier Feldern und der Beschriftung „Held", „Helfer", „Höhle" und „Schatz".
- Vier Grafiken für die vier oben angeführten Begriffe. Die Bilder können selber gezeichnet sein (Abschnitt 10.3.1). Es können auch fertige Grafiken oder Fotos ausgedruckt werden. Diese sind im Internet zu finden, „Google Bilder" ist da ein sehr guter Fundus. Es sollte auf jeden Fall darauf geachtet werden, dass keine Urheberrechte verletzt werden.
- Genug Klebezettel und Stifte für jeden Teilnehmer.

Wenn zu erwarten ist, dass viele Themen „auf den Tisch kommen" und ein Flipchart Plakat zu wenig Platz für alle bietet, befestige ich die vier Grafiken auf einer größeren Präsentationsfläche. Wichtig ist dabei, dass genug Platz um die Grafiken bleibt, um eine Menge Klebezettel darum herum zu drapieren.

Teilnehmerbriefing

Als Einführung in das Vorgehen bei der Retrospektive erkläre ich den Teilnehmern zuerst das Schema der Heldenreise.

 Schema der Heldenreise

Die Heldenreise basiert auf dem uralten Schema der klassischen Heldengeschichten. Diese ist in vielen Erzählungen, Filmen und Spielen der heutigen Zeit zu finden. Der Held hat eine Aufgabe, er soll einen Schatz erringen. Daher kämpft unser Held sich unermüdlich, mithilfe verschiedener Helfer durch eine Höhle, die viele Hindernisse und Fallen bereithält. Und da unser Held nicht aufgibt, schafft er es schlussendlich, den Schatz zu erringen.

Nun wende ich mich an die Gruppe:

„Jeder von euch ist ein Held. Er hat sich mühsam durch den letzten Sprint gekämpft, Impediments überwunden und den Sprint hinter sich gebracht. Daher überlegt nun jeder für sich, wer seine ganz persönlichen Helfer waren. Das können Menschen oder Gegenstände sein. Diese werden einzeln auf Klebekärtchen geschrieben. Nach Ablauf einer Time-Box präsentiert jeder seine Helfer und klebt die Zettel zu der zugehörigen Grafik ‚Helfer'".

Dieses Vorgehen wird nun mit der Höhle („Meine persönlichen Probleme und Hindernisse, die ich im Sprint überwunden habe …") und mit dem Schatz („Welchen persönlichen Schatz habe ich aus dem letzten Sprint mitgenommen …") durchgeführt.

Ich habe öfter Scrum-Master-Kollegen gesehen, die eine größere Time-Box eröffnet haben und die Event-Teilnehmer gebeten haben, alle Kärtchen als Höhle, Helfer und Schatz gleich auszufüllen und danach „in einem Rutsch" zu präsentierten.

Ich bevorzuge die Methode, für jede der drei Kategorien zuerst die Themen zu sammeln und dann diese anschließend zu präsentieren. Es passiert sonst, dass die Teilnehmer nur sehr oberflächlich über ein Thema nachdenken, weil sie rasch zum nächsten wechseln wollen, um noch in der vorgegebenen Zeit fertig zu werden. Wenn wir uns jedoch nur auf ein Thema konzentrieren und nur dafür die Time-Box eröffnen, bleibt der Fokus bei diesem Thema und es bleibt Zeit, dass auch das Unterbewusstsein noch Dinge zu Tage fördern kann. Dieses Vorgehen ist zwar in Summe etwas zeitaufwendiger, aber so stoßen wir als Scrum Master bis zu den Themen vor, die bei oberflächlicher Betrachtung nicht ans Tageslicht gekommen wären.

Wenn nun alle Teilnehmer der Retrospektive ihre Karten den entsprechenden Kategorien „Helfer", „Höhle" und „Schatz" zugeordnet haben, geht es an die Priorisierung der Themen (Abschnitt 10.1.3).

Danach beginnen wir, die Themen abzuarbeiten und Action Points abzuleiten. Die Beschlüsse werden im Team Backlog festgehalten und der Scrum Master sorgt dafür, dass diese auch umgesetzt werden.

In der Regel werden in den ersten Retrospektiven einer Arbeitsgruppe technische und fachliche Themen angesprochen. Je mehr die Gruppe jedoch zum Team wird und entsprechend mehr gegenseitiges Vertrauen der einzelnen Mitglieder entsteht, desto mehr zwischenmenschliche Themen und Konflikte kommen ans Tageslicht. Daher ist es so wichtig, das Team Backlog auch nur dem Team zugängig zu machen und alle Informationen sowie alles, was in der Retrospektive besprochen wurde, vertraulich zu behandeln.

10.1.6 Lean Coffee

Das agile Format „Lean Coffee" ist ein Event zu einem speziellen, beliebigen Thema. Dies kann alles sein, von „Zahnstocherschnitzen mit der Kettensäge" über „Das Liebesleben der Wolpertinger" oder „23 Dinge, die ich mit einem Schneebesen, Rasierschaum und einer Quietscheente machen kann" bis „Warum Scrum nicht funktioniert". Das Besondere dabei ist erst mal, dass es hier keine Agenda gibt, nur das vorgegebene Thema.

Die Veranstaltung basiert auf Freiwilligkeit. Jeder Teilnehmer bringt seine Fragen zum Thema mit. Somit ist garantiert, dass nur Interessierte im Meeting sind und keine „Meetingtouristen".

 Der Meetingtourist

Unter einem Meetingtouristen versteht man einen Menschen, der zu Veranstaltungen geht, um seine (Arbeits-)Zeit abzusitzen. Er hat nichts zum Thema beizutragen und interessiert sich auch nicht wirklich für die Veranstaltung. Ich habe übrigens eines festgestellt: Je besser die Verpflegung und die Getränke während eines Events sind, desto mehr Meetingtouristen nehmen daran teil.

Als Scrum Master, Moderator oder Veranstalter eines Meetings sollten wir darauf achten, immer nur Personen einzuladen, die direkt etwas zu den Themen beitragen können.

Im ersten Teil werden die Fragen gesammelt beziehungsweise visualisiert (Abschnitt 10.1.2) und danach priorisiert (Abschnitt 10.1.3). Dadurch ergibt sich automatisch die Agenda der Veranstaltung.

Die Themen werden nun nach Ihrer Reihung besprochen und diskutiert. Läuft die Time-Box der Veranstaltung ab, ehe alle Agendapunkte erledigt sind, werden diese ins nächste Lean Coffee mitgenommen und dort zusammen mit den neuen Themen priorisiert. Dadurch ist gesichert, dass nur Themen bearbeitet werden, welche einen Großteil der Teilnehmer auch wirklich interessieren.

10.1.7 World Coffee

Eine World-Coffee-Veranstaltung hat das Ziel, in möglichst alle Teilnehmer zu verschiedenen Themen gleichzeitig abzuholen, ihre Meinungen dazu abzufragen und diese zu sammeln. Der Vorteil bei dieser Art der Veranstaltung ist, dass jeder Anwesende in die Diskussion zu allen Themen einsteigen kann und auch alle zu Wort kommen können. Mit einer klassischen Diskussion ist dies in der Regel aufgrund der beschränkten Zeit nicht so einfach umsetzbar.

Die Agenda, also die Themen, die besprochen werden sollen, stehen schon vorher fest. Diese Art der Veranstaltung kann bereits ab zwölf Personen durchgeführt werden, so richtig interessant wird sie aber erst ab 30 Personen. Ich habe schon mal ein World Coffee mit rund 80 Teilnehmern zu neun Agendapunkten durchgeführt.

Die Vorbereitungen zum World Coffee sind etwas aufwendig, da zu jedem Agendathema ein eigener Stehtisch vorhanden sein muss. Jedem dieser Tische benötigt auch einen Moderator, der durch das Thema führt und die Ergebnisse der Diskussionen visuell festhält. Dazu hat sich ein Flipchart-Blatt mit bunten Stiften auf dem Tisch gut bewährt. So können die Diskussionsergebnisse des „Tischthemas" direkt vom Moderator aufgezeichnet werden. Außerdem sollte in die Mitte des Blatts das Thema des Tisches geschrieben werden.

Die Teilnehmer werden nun in gleich große Gruppen aufgeteilt und jede Teilnehmergruppe stellt sich um einen der (Themen-)Tische. Auf ein akustisches Signal hin wird die Diskussion gestartet.

Jeder Moderator stellt an seinem Tisch den vorher festgelegten Agendapunkt vor und die Gruppe kann dazu ihre Meinungen äußern und diskutieren. Nach einer festgelegten Time-Box, beispielsweise 15 Minuten, ertönt ein Signal und jede Gruppe bewegt sich einen Tisch weiter.

Nun erklärt der Tisch-Moderator seiner neuen Gruppe das Thema und die Ergebnisse der bisherigen Diskussion der vorherigen Gruppen. Dann startet die Diskussion und neue Erkenntnisse werden wieder visuell auf dem Papier, das auf dem Tisch liegt, festgehalten.

Dieses Vorgehen läuft so lange, bis jede Gruppe an jedem Tisch war, also zu jedem Thema Stellung bezogen hat.

Durch die parallelen Diskussionen an jedem Tisch wird die Zeit des Events effektiver genutzt, jedoch ist der Ressourcenaufwand auch entsprechend groß. Es wird ein großer Saal benötigt, jeweils ein Stehtisch und ein Moderator pro Agendapunkt.

Nach der Veranstaltung treffen sich die Moderatoren mit den Ergebnissen ihres Themas und dokumentieren diese für die Eventteilnehmer.

10.1.8 Fishbowl

Fishbowl für Diskussionsrunden

Wenn ich eine größere Gruppe zu einer Diskussion einlade, um mehrere Themen durchzusprechen, aber nicht jeder Teilnehmer zu jedem Thema etwas beitragen kann, dann nutze ich das Veranstaltungsformat Fischbowl („Goldfischglas").

Dazu wird ein Stuhlkreis von einigen wenigen Stühlen gebildet. Rund um diesen inneren Kreis werden die anderen Sitzplätze angeordnet, sodass es einen „inneren Kreis" (das „Goldfischglas") gibt, in dem die Akteure sich austauschen, und einen oder mehrere äußere Kreise für die Zuschauer des „Goldfischglases".

Die Personen, die zum aktuellen Thema etwas beizutragen haben, setzen sich in den inneren Kreis und beginnen zu diskutieren. Alle andern sitzen „außen herum" und hören zu. Nur Personen im inneren Kreis dürfen zum Thema sprechen.

Setting des agilen Veranstaltungsformats „Fish Bowl"

Es besteht die Möglichkeit, dass einer der Stühle als „Springerstuhl" markiert wird, zum Beispiel mit einem bunten Klebezettel. Dieser Stuhl bleibt am Anfang der Diskussion frei und wenn während der Diskussion einer der Zuhörer etwas Wichtiges beizutragen hat, dann setzt er sich auf den „Springerstuhl". Sobald er seine Argumente vorgetragen hat, geht er wieder zurück in den äußeren Kreis und der Springerstuhl steht somit wieder für eine weitere Person zur Verfügung.

Durch diese Methode wird garantiert, dass nur Personen an einer Diskussion teilnehmen, die auch etwas zum Thema beizutragen haben.

Es ist wichtig, für jeden Themenpunkt auf der Agenda eine feste Time-Box festzulegen. Zehn Minuten vor ihrem Ablauf informiert der Scrum Master die Teilnehmer, fünf Minuten vor dem Ende ein weiteres Mal.

Fishbowl für Feedbackrunden

Das agile Veranstaltungsformat „Fishbowl" kann auch sehr gut für Feedbackrunden genutzt werden, was folgenden Hintergrund hat: Wenn wir über nicht anwesende Personen sprechen, dann reden wir offener und sind weniger gehemmt. Diesen Effekt nutzt ja auch der Psychotherapeut, wenn er hinter und nicht vor dem liegenden Patienten sitzt und ihm Fragen aus dem „Off" stellt.

Dazu mische ich noch eine weitere Ebene des Feedbacks hinzu und das geht folgenderma-ßen: Ein Teil der Feedbackgeber sitzt im inneren Kreis, um über eine Person zu sprechen, also Feedback zu geben. Die Person, über die gesprochen wird, sitzt im äußeren Kreis, mit dem Rücken zum Zentrum (Stuhl ist umgedreht), sodass der „Gefeedbackte" (sorry für die Wortschöpfung, aber ich denke, damit ist eindeutig klar, um wem es geht) den inneren Kreis nicht sieht. Dadurch werden die anderen Sinne, vor allem der Gehörsinn, geschärft und die Person kann besser zuhören.

Der Rest der Feedbackgeber sitzt auch im äußeren Kreis, aber mit dem Gesicht zum Fish-bowl, um die Feedbackgeber im inneren Kreis beobachten zu können.

Das ist erst mal das Grundsetting. Nun geht es um folgende Aufgabenstellung: Der innere Kreis unterhält sich über die Person, die im äußeren Kreis mit dem Rücken zum inneren Kreis sitzt. Währenddessen beobachten die Personen im äußeren Kreis den inneren Kreis, jedoch ohne mitzureden oder Kommentare abzugeben. Das alles passiert innerhalb einer strikten Time-Box.

Nach Ablauf der Zeit wechseln die Feedbackgeber vom inneren Kreis in den äußeren und die vom äußeren Kreis in den inneren. Nun unterhalten sich die Personen im inneren Kreis über die Person, um die es auch in der ersten Runde ging, so lange, bis eine weitere Time-Box abgelaufen ist.

Während der ganzen Zeit darf der „Gefeedbackte", also die Person, welche im äußeren Kreis die ganze Zeit mit dem Rücken zum Fishbowl gesessen hat, nicht sprechen, sich jedoch Notizen über die Gespräche machen. Auch die Zuhörer im äußeren Kreis dürfen nicht reden, sich aber ebenfalls Notizen machen.

Sobald nun auch diese Time-Box abgelaufen ist, geht der „Gefeedbackte" in die Mitte des Kreises und berichtet, wie es ihm nun geht, was er von den Informationen mitnehmen und welche Aktivitäten er davon ableiten möchte.

 Effekt des Fishbowl

> Die Idee des Fishbowl-Settings ist: Die Feedbackgeber sprechen viel freier, wenn sie den Gefeedbackten nicht sehen. Der Gefeedbackte hört intensiver zu, wenn er die Feedbackgeber nicht sieht, daher sitzt er ja mit dem Rücken zu ihnen. Und die Zuhörer im äußeren Kreis, die später selber Feedback geben sollen, bauen eine innere Spannung auf, weil sie nun mal der gleichen oder eben einer ganz anderen Meinung sind als die Personen im Fishbowl, dürfen aber (noch nicht) sprechen. Diese Spannung bringen sie dann als Energie in „ihre" Diskussionsrunde mit, wenn sie vom äußeren in den inneren Kreis wechseln. Dadurch entstehen sehr energetische Gespräche. ∎

Das Ergebnis des Fischbowls ist ein ehrliches und offenes Feedback bezüglich einer Person. Diese Ergebnisse werden nachweislich in einem klassischen Setting, also jeder gibt reihum einfach sein Feedback ab, so nicht erreicht. Wird nämlich in klassischen „Reihumrunden" einmal ein Feedback gegeben, steht dieses im Raum und kann nicht zurückgenommen oder revidiert werden. In der Diskussionsrunde, im Gespräch, sehr wohl.

Der Scrum Master sollte die Teilnehmer dahingehend ermahnen, dass der innere Kreis einfach „frei von der Leber weg" reden soll, so wie wenn sie einem Freund etwas erzählen würden. Der äußere Kreis und der Gefeedbackte haben in der Zeit absolutes Redeverbot.

■ 10.2 Materialkunde

Von Materialien, die für die Moderation genutzt werden können, gibt es viele Ausprägungen und Marken. Es haben sich über die Jahre für die meistens Scrum Master jedoch bestimmte „Quasi-Standards" entwickelt, denen wir immer wieder begegnen.

10.2.1 Der Moderationskoffer

Ich halte persönlich nicht viel davon, anderen Scrum Mastern meinen Moderationskoffer zu zeigen, da jeder seine eigenen Tools und Vorgehensweisen hat und daher auch eine unterschiedliche Bestückung seines Koffers benötigt. Aufgrund von zahlreichen Anfragen bei Schulungen und Online werde ich aber nun doch ein paar Worte über mein Equipment verlieren.

Es gibt dazu eine einfache Regel: Nimm auf jeden Fall den „kleinsten gemeinsamen Nenner" mit von allen Dingen, die du für die Durchführung von Events und deren Moderation benötigst.

 Ich nutze hier Markennamen und möchte ausdrücklich darauf hinweisen, dass ich weder von diesen Firmen gesponsert noch für Werbung bezahlt wurde. Ich habe in Abschnitt 13.2 die entsprechenden Internetlinks dazu aufgelistet.

Mein Basis-Equipment unterteile ich in Material, das ausschließlich ich nutze (Moderator), und solches, das ich den Teilnehmern während der Veranstaltung zur Verfügung stelle (Teilnehmer).

- 20 **schwarze Permanent-Marker (Edding 300)** für die Teilnehmer. Diese sind ideal, um damit Klebezettel oder sonstige Karten zu beschriften. Sie haben eine Rundspitze, weil es für die meisten Teilnehmer schwieriger ist, ohne Übung mit einer Keilspitze zu schreiben. Die Breite des Strichs (1,0 – 3,5 Millimeter, ja nach Stärke des Drucks auf den Stift) ist ideal für Buchstaben und Zeichnungen, die auch aus einiger Entfernung noch gut zu sehen sein sollen.

- Mehrere Blöcke **Klebezettel** in verschiedenen Größen und Farben der Marke „**Post-it**" (Teilnehmer und Moderator). Diese sind ideal, um Themen zu visualisieren. Es gibt einige günstigere Konkurrenzanbieter, aber die „Post-it" kleben einfach am besten und längsten, auch wenn sie mehrfach umgehängt werden müssen.

- **Moderationskarten:** Ich habe immer einen Packen Moderationskarten dabei. Das sind einfach längliche Papp-Karten in verschiedenen Farben.

- **Klebepunkte:** Dies sind kleine, bunte, runde, selbsthaftende Klebeetiketten. Man benutzt sie zur Punktevergabe beim Priorisieren (Abschnitt 10.1.3), indem sie von den Teilnehmern auf die entsprechenden Post-its geklebt werden.

- **Permanentmarker mit Keilspitzen** der Marke „Neuland" (Moderator): Ich nutze diese in verschiedenen Farben und in Schwarz. Für größere Flächen nehme ich „BigOne", ebenfalls in Bunt und Schwarz.

- **Bunte White-Board-Stifte:** Es ist immer gut, diese Spezialstifte mitzunehmen, da in Meetingräumen oft White-Boards vorhanden sind, aber die Stifte entweder fehlen oder nicht mehr schreiben.

- **Klebeband:** Eine Rolle Gaffer-Tape („Panzertape") ist auch immer sehr von Vorteil. Damit kann man Plakate an Wänden oder Türen befestigen oder Markierungen für agile Spiele auf dem Boden vorbereiten.

- **Schere & Klebestift:** Die Schere dient dazu, Moderationskarten und Flipchart-Papier zuzuschneiden. Zum Aufkleben nutze ich einen „Scotch 3M ablösbar". Papier oder Pappe ist nach dem Aufkleben wieder ablösbar, ähnlich einem Post-it. Das ist notwendig, wenn wir Moderationskarten nutzen und keine Klebezettel.

Diese Liste stellt eine einfache Basisausstattung dar. Nach und nach wird sie dann um die Materialien erweitert, die für andere Veranstaltungsformate benötigt werden. Zusätzlich habe ich immer noch ein paar weitere Dinge mit dabei:

- **Sprecherball:** Dabei handelt es sich um einen weichen, bunten Ball. Dieser wird von der Person in die Hand genommen, die im Event gerade spricht. Alle anderen hören zu. Durch Abgabe das Balls an jemand anderen kann der Sprecher auswählen, wer als Nächster zu Wort kommen soll.

- **Eine große Uhr:** Ich nutze eine große Uhr der Firma „Time-Timer", um die Time-Box anzuzeigen. Durch die spezielle Art dieser Modelle können alle Teilnehmer auch aus einer gewissen Entfernung sehen, wie viel Zeit der Time-Box noch übrig ist.

- **Planning-Poker-Karten:** Ich habe immer mehrere Sets Planning-Poker-Karten parat. Diese sind nicht nur für eine spontane Story-Point-Vergabe nutzbar, sondern auch für alle Arten von Abstimmungen. Ich habe sogar schon einmal eine Budgetverhandlung damit durchgeführt.

Natürlich ist noch viel mehr in meinem Moderationskoffer. Ich habe zusätzlich auch immer eine Sporttasche mit weiterem Equipment dabei. Wer Interesse hat, mehr darüber zu erfahren, kann mich gerne per E-Mail kontaktieren. Die Adresse ist in Abschnitt 13.1 zu finden.

10.2.2 Präsentationsflächen

Der Scrum Master visualisiert Eventinhalte und -ergebnisse mittels Schrift, Grafik, Post-its oder sonstigen Materialien auf allen möglichen Oberflächen, den sogenannten Präsentationsflächen. Ich gehe an dieser Stelle bewusst nicht auf spezielles Equipment wie ein elektronisches White-Board oder einen Metaplan-Touchscreen ein, sondern beschreibe die zum aktuellen Zeitpunkt vorherrschenden „Standards", die in fast allen Firmen vorzufinden sind.

- **Flipcharts:** In der Regel arbeite ich am liebsten auf Flipchart-Ständern und darauf aufgespannten „karierten" Papierbögen mit einem schwarzen oder blauen Rastervordruck. Ich beschreibe die Bögen aber auf der Rückseite, sodass sie nur noch leicht durch das Papier durchscheinen. Das ist gerade stark genug, um sich beim Schreiben und Zeichnen daran zu orientieren, aber schwach genug, damit sie das Publikum ab einer gewissen Entfernung nicht mehr wahrnehmen kann. Somit ist es einfacher, Buchstaben in gleichmäßiger Größe zu schreiben oder für Grafiken Orientierungspunkte zu haben. Die Flipchart-Bögen sind in der Regel am oberen Rand perforiert, lassen sich also einzeln sehr gut abreißen.

Der Vorteil eines Flipcharts liegt darin, dass es durch den Raum bewegt werden kann, um da aufgestellt zu werden, wo es gerade benötigt wird. Teurere Versionen haben dafür sogar Rollen oder kleine Räder. Zudem kann es sehr vielseitig verwendet werden. Wir können darauf zeichnen und schreiben. Wir können Klebezettel befestigen oder selbsthaftende Folien. Auch Moderationskarten können mittels eines „Klebekringels" (Abschnitt 10.2.1) daran befestigt werden. Die meisten Flipchart-Ständer sind auch in der Höhe anpassbar, manche zudem um 90 Grad drehbar, was ein komfortables Arbeiten für den Moderator ermöglicht.

Ich nutze gerne meinen eigenen Flipchart-Ständer „sketch@work" der Firma Neuland, dessen Schreibfläche sich in der horizontalen und vertikalen Achse kippen lässt. Die Höhe ist hydraulisch-manuell verstellbar. Somit kann ich bei Bedarf auch schon mal einen Stehtisch improvisieren, auf dem man direkt schreiben und zeichnen kann (Bild 10.1). Ich halte auf diese Art oft Videokonferenzen ab. Im Stehen haben wir nämlich eine viel bessere Körperspannung und Präsenz als im Sitzen.

Bild 10.1 Mein Flipchart-Ständer als Stehtisch für eine Videokonferenz

Oft bereite ich im Home-Office vorgezeichnete Flipcharts-Blätter vor, die ich dann in das entsprechende Event mitnehme. Zum Transport empfiehlt sich ein Flipchart-Köcher, eine Kunststoffrolle mit Tragegurt, die auf beiden Seiten mit einem Deckel zugeschraubt werden kann. Das Flipchart-Blatt wird zusammengerollt und für den Transport hineingesteckt. Sehr praktisch.

Ein schlauer Scrum Master nutzt seine Flipchart-Blätter übrigens mehrfach. So muss er sie nur einmal zeichnen und kann sie dann in verschiedene Meetings und Events mitbringen. So habe ich beispielsweise den „Themenparkplatz", die „Agilen Prinzipen" oder eine Zeichnung des kompletten „Scrum Workflows" in mehrfacher Benutzung. Die Beschriftung habe ich dabei weggelassen, sie erfolgt mittels Post-its bei der Veranstaltung während der Moderation.

- **Metaplanwände:** Für Gruppenübungen nutze ich auch gerne Moderationskarten (Abschnitt 10.2.3), da diese stabiler sind als Klebezettel. Diese werden mit Stecknadeln oder sogenannten „Pins" (kleine Stecknadeln mit Kunststoffkopf) auf eine weiche, meist fahrbare Wand gepinnt. Diese „Metaplanwände gibt es in verschiedenen Größen, aber in der Regel haben sie eine Fläche von einem Vielfachen der Flipchart-Blätter. Wir können die Karten nun direkt auf die Wand pinnen oder vorher eine Hintergrundfläche mittels Packpapier oder mehreren leeren Flipchart-Blättern anbringen.

- **White Board:** Dabei handelt es sich um eine große, weiße Kunststofftafel auf der mit speziellen abwischbaren „White-Board-Stiften" geschrieben wird. Es ist darauf zu achten, dass nicht aus Versehen Permanent-Marker genutzt werden, weil dann die Tafel nicht mehr zu gebrauchen ist oder mit viel Mühe gereinigt werden muss.

- **Improvisierte Flächen:** Die meisten Konferenzräume in Firmen sind mit Flipcharts, Whiteboards oder Metaplanwänden ausgestattet. Es kann aber schon mal vorkommen, dass beispielsweise kein Flipchart-Papier vorrätig ist oder wir ein Spontan-Event in einem Raum abhalten wollen, der nicht für Konferenzen bestimmt ist, beispielsweise die Teeküche oder der Büroflur. Dadurch stehen dann keine „regulären" Präsentationsflächen zur Verfügung.

In so einem Fall nutze ich dann jede verfügbare glatte Fläche, sei es die Kühlschrank-, Schrank- oder Eingangstür, die Scheibe eines Fensters oder einfach nur eine freie glatte Wand. Auch ein großer Tisch ist möglich, um den sich die Teilnehmer versammeln können. Hochwertige Klebezettel kleben fast überall. Sollte der Untergrund jedoch zu rau sein, befestige ich ein paar Bögen Papier mittels Gaffer-Tape und schon habe ich eine Fläche, auf der die Klebezettel wieder haften.

10.2.3 Klebezettel und Moderationskarten

Ohne jetzt Werbung machen zu wollen: Ich habe im Lauf der Jahre als „Agilist" eine Menge verschiedene Klebezettelmarken getestet und im Live-Einsatz gehabt, aber ich bin immer wieder zu den „Post-its" zurückgekehrt. Diese Klebezettel haben für meinen Einsatz die beste Gummierung und kleben zuverlässig auf allen glatten bis leicht rauen Flächen, die einem im Büroalltag so unterkommen. Daher habe ich immer eine große Anzahl in verschiedenen Farben im Moderationskoffer in den Größen 76 × 76 Millimeter und 76 × 127 Millimeter.

Auch Moderationskarten nehme ich immer in meinem Koffer mit. Diese sind ebenfalls in unterschiedlichen Farben vorhanden und haben die Größe 100 × 200 Millimeter. Diese Karten sind aus etwas festerem Papier und eignen sich nicht nur, um sie in einem Workshop von den Teilnehmern beschriften zu lassen. Ich benutze sie auch gerne als Notizzettel oder als Notizblock im Stehen, wenn ich mehrere der Karten übereinanderlege, um sie etwas stabiler zu machen. Moderationskarten lassen sich sehr gut mit Stecknadeln oder Pins auf Metaplanwände heften und sind somit eine Alternative für Post-its auf Flipcharts, wenn mal mehr Platz benötigt wird.

Für die Beschriftung dieser Kärtchen durch das Team oder mich nutze ich Moderationsstifte.

10.2.4 Moderationsstifte

Die Teilnehmer eines Events sitzen oder stehen in der Regel immer in einem gewissen Abstand zur Präsentationsfläche. Bei größeren Gruppen können dies schon mal einige Meter sein. Es ist deshalb wichtig, mit dicken Strichstärken beim Schreiben oder Zeichnen auf Präsentationsflächen zu arbeiten, damit alles auch aus der Ferne gelesen und erkannt werden kann.

Hierbei unterscheiden wir nicht nur die Strichstärke der Stifte, sondern auch die Art der Spitze und den „Verwischfaktor". Ich nutze Keilspitzen, um Schriften zu erstellen. Damit bekommen sie ein schöneres Schriftbild. Wenn ich in einem Workshop Stifte für Teilnehmer ausgebe, bekommen diese normale Rundspitzen, weil sie einfacher zu handhaben sind.

Dann unterscheiden wir zwischen zwei Arten von Stiften:

- **Abwischbar („Non-Permanent"-Marker):** Diese werden für Flächen benötigt, die später gereinigt und wiederbeschrieben werden sollen, beispielsweise White Boards. Die Tinte kann einfach mit einem weichen Tuch, ähnlich wie bei Tafelkreide, abgewischt werden.
- **Wischfest („Permanent"-Marker):** Diese werden für Flächen genutzt, die später nicht mehr wiederverwendet werden sollen. Moderationskarten, Flipchart-Bögen oder Klebezettel fallen in diese Kategorie. Die Tinte besitzt wisch- und wasserfeste Eigenschaften und kann nicht abgerieben werden. Es kann jedoch passieren, dass, wenn wir mit einem schwarzen Stift über eine eingefärbte Fläche schreiben, aufgrund einer chemischen Reaktion das Schwarz zerrinnt, was hässliche Schlieren ergibt, die jede schöne Grafik zerstören. Daher haben die Stifthersteller eine schwarze Tinte entwickelt, die nicht nur „permanent" schreibt, sondern auch nicht zerrinnen kann. Diese Art von Stiften ist ideal für Umrandungen oder Beschriftungen von bunt ausgemalten Flächen. Hier nutze ich wiederum die Stifte von Neuland. Die „No.One" in verschiedenen Farben, die „No.One Outliner" in Schwarz, das nicht verläuft, wenn es mit anderen Farben zusammenkommt.

Die Neuland-Stifte haben auch den Vorteil, dass man sie selber nachfüllen kann. Selbst die Spitzen sind auswechselbar. So ein Stift hält dann schon mehrere Jahre und rechtfertigt auch den höheren Preis.

Moderationsstifte gibt es in so ziemlich allen vorstellbaren Farben. Ich beschränke mich bewusst auf einige wenige, um damit nicht nur meine „Corporate Identity" zu transportieren und einen gewissen Wiedererkennungswert zu erlangen, sondern auch um die

Komplexität beim Erstellen von Grafiken zu reduzieren. Es gibt in meinem Stiftset daher bewusst nur Schwarz, Grau, Grün und Orange. Dadurch bin ich gezwungen, kreativ mit den wenigen Möglichkeiten der Farbgebung umzugehen, was wiederum dem Agilen Mindset entspricht. Das Ergebnis sieht man an den selbst erstellten Grafiken dieses Buchs.

Weit verbreitet sind auch Stifte der Marke „Edding". Diese nutzen dann meine Eventteilnehmer. Für jede Veranstaltung Neulandstifte an alle Beteiligten auszugeben, würde schon ziemlich ins Geld gehen.

- **Befestigungsmaterialien:** Ein wichtiges Utensil sind breite Klebebänder, am besten aus Krepp oder **„Gaffa-Tape".** Das Gaffaband kommt ursprünglich aus dem Bühnenbau. Es klebt einfach überall, hält bombenfest und lässt sich ohne Rückstände wieder ablösen. Da es aus Gewebe besteht, kann man es einfach ohne Schere oder Messer von der Rolle abreißen. Ich kann damit auch „Klebekringel" erzeugen. Dazu reiße ich ein kleines Stück Klebeband ab, drehe daraus einen kleinen Kringel, auf dessen Außenseite sich die Klebefläche befindet und kann damit Papier oder Pappe auf Präsentationsflächen befestigen. Gaffa-Tape ist am günstigsten im Musikhandel zu bekommen, der Link dazu findet sich in Abschnitt 13.3.3.

Als Alternative kann auch **Maler-Kreppband** genutzt werden. Dieses ist jedoch nicht so vielseitig wie Gaffa.

Ein weiteres wichtiges Utensil sind **Stecknadeln** oder die etwas komfortablere Variante der **„Pins".** Dabei handelt es sich um kleine Stifte, die auf einer Seite eine Spitze und auf der anderen ein dickes Kunststoffende haben. Diese sind ideal zum Befestigen von Moderationskarten oder Zettel an Metaplanwänden geeignet.

■ 10.3 Agiles Visualisieren

Im agilen Umfeld gilt es immer wieder Themen zu visualisieren, also bildhaft darzustellen. Zusammenhänge auf ein Flipchart oder Whiteboard zu zeichnen oder mal einen Klebezettel mit einer kleinen Grafik zu versehen, hat den Vorteil, dass alle Beteiligten denselben Blick auf einen Sachverhalt haben. Leider scheuen sich viele Menschen, vor Publikum zu zeichnen, weil sie der Meinung sind, ihre erstellten Grafiken könnten nicht professionell genug aussehen.

An dieser Stelle kann ich alle Zweifler beruhigen. Jeder Mensch kann zeichnen, wenn er die Grundlagen verstanden hat. Und es geht nicht darum, ein Kunstwerk für die Nachwelt zu erschaffen, sondern Ideen mit kleinen, einfachen Grafiken zu verknüpfen, also Assoziationen herzustellen, wenn man das Gezeichnete sieht. Und das muss dann keineswegs „schön" aussehen.

Lerneffekte in Workshops

- Wenn wir nur Text lesen, merken wir uns etwa 10%.
- Wenn wir etwas aufgezeichnet bekommen, merken wir uns etwa 20%.
- Wenn wir selber Inhalte zeichnerisch umsetzen, merken wir uns etwa 30%.
- Unterhalten wir uns über ein Thema, merken wir uns etwas 80%.
- Wenn wir Inhalte direkt anwenden und selber zeichnen, merken wir uns etwa 90%.

Ich versuche daher einen Workshop immer so zu gestalten, dass ich Inhalte erkläre, als Zeichnung visualisiere und dann mit der Gruppe darüber rede. Danach lasse ich die Teilnehmer das soeben Gelernte in einer Gruppen-übung noch einmal grafisch visualisieren.

Unser Gehirn hat eine rechte und eine linke Hälfte, Hemisphäre genannt. Die beide sind kreuzweise mit unserem Körper verbunden und in einem permanenten gegenseitigen Austausch über das „Corpus Calossum", den „Gehirnbalken", der aus 250 Millionen Nervenfasern besteht. Die rechte Gehirnhälfte agiert mit der linken Körperhälfte, die linke mit der rechten Körperhälfte.

Die linke Hemisphäre ist in erster Linie für die logischen Denkprozesse wie Rechnen, sequenzielles Denken oder das Zeitgefühl zuständig. Die rechte Hemisphäre arbeitet abstrakter. Künstlerische Prozesse werden hier abgebildet und es wird in Bildern gedacht.

Fällt der Begriff „Haus", assoziiert die linke Gehirnhälfte: „Was ist das Haus wert?", „Was kostet es?", „Wie lange brauche ich, um das Dach zu renovieren?". Es werden also Daten und Fakten in den Vordergrund gestellt.

Die rechte Hälfte hingegen arbeitet dabei „holistisch". Sie stellt sich die Farben vor, das Gefühl, wenn wir das Haus betreten, wie sich die Sonne in den Fensterscheiben spiegelt. Es wird also ein Bild assoziiert (Bild 10.2).

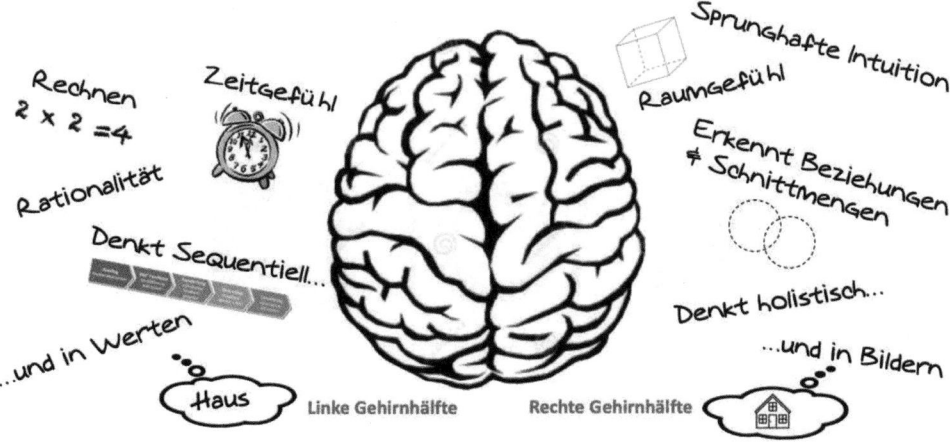

Bild 10.2 Unsere beiden Gehirnhälften arbeiten unterschiedlich.

Zu diesem Thema gibt es eine schöne Übung, die ich gerne mit meinen Teammitgliedern durchführe. Dabei wird gezielt zuerst die linke, dann die rechte Hemisphäre des Gehirns angesprochen.

 Übung: Rechte vs. linke Gehirnhälfte

Wir bitten unser Team, sich folgende Aussage bildlich vorzustellen:
„Zweibein sitzt auf Dreibein und isst Einbein. Da kommt Vierbein und klaut Zweibein Einbein. Da nimmt Zweibein Dreibein und schlägt Vierbein."

Da wir hier mit Fakten und nicht mit „fertigen" Assoziationen und Bildern arbeiten, wird es für die meisten Teilnehmer nicht klar sein, um was es hier genau geht, ohne die Definitionen für „Einbein", „Zweibein", „Dreibein" oder „Vierbein" zu kennen. Sie können sich also „kein Bild" machen bezüglich dieser Begriffe, da wir hier in erster Linie die linke Gehirnhälfte ansprechen.

Erst wenn wir den Satz auflösen, entstehen in der rechten Gehirnhälfte sofort die entsprechenden Bilder dazu:

„Ein Mensch sitzt auf einem Schemel und isst eine Hühnerkeule. Da kommt ein Hund, klaut die Hühnerkeule und der Mensch schlägt den Hund mit dem Schemel."

Wir haben in dieser Übung zuerst mit Fakten, dann mit Assoziationen gearbeitet. Wenn wir zum Beispiel „Hund" sagen, hat jeder Mensch ein etwas anderes Bild im Kopf. Der Vierbeiner, den er vor seinem geistigen Auge sieht, sieht in der Regel anders aus als bei allen anderen. Trotzdem ist klar: Wir haben mit dem Begriff „Hund" die entsprechende Assoziation ausgelöst und sehen ein Bild des „Vierbeins" vor uns.

Hätten wir mit Fakten gearbeitet („Säugetier", „vier Beine", „Fleischfresser", „buschiger Schwanz"), wäre es schon schwieriger gewesen, spontan das Bild eines Hunds vor sich zu sehen. Und es hätte auch länger gedauert, bis wir alle Fakten mittels linker Gehirnhälfte geklärt hätten, um schlussendlich in der rechten Hemisphäre unseres Kopfs ein Bild entstehen zu lassen.

Daher ist es immer einfacher und effektiver, eine **allgemeingültige** Assoziation hervorzurufen. Im Idealfall passiert dies nicht mit Worten, sondern gleich mit Bildern.

Ein paar Beispiele für „Gebrauchsgrafiken", die sofort mit den entsprechenden Themen assoziiert werden (Bild 10.3):

Bild 10.3 Diese Gebrauchsgrafiken stehen für „Telefonzelle", Restaurant" und „Erste Hilfe".

Es gibt in unserer Welt nach wie vor veraltete Symbole, die trotzdem noch benutzt und auch verstanden werden. Das beste Beispiel ist das „Diskettensymbol" zum Abspeichern von Datenständen in vielen Softwareprodukten. Die meisten jungen Menschen wissen überhaupt nicht mehr, was eine Diskette ist, sie wissen jedoch, dass sie zum Abspeichern ihrer Daten darauf klicken müssen (Bild 10.4).

Bild 10.4
Das Diskettensymbol assoziiert „Abspeichern" in fast jeder Software.

Genau hierum geht es nun bei der Visualisierung. Wir verwenden einfache, gängige Symbole, um direkt Assoziationen im Gehirn zu erzeugen. Daher sollte jeder Scrum Master sich ein eigenes „grafisches Vokabular" zulegen und dieses regelmäßig üben, um es bei Bedarf sofort einsetzen zu können.

Bild 10.5 Mein Sketch Book, in dem ich regelmäßig mein grafisches Vokabular übe und weiter ausbaue.

Ich nutze einen gebundenen Block („Sketch Book", Bild 10.5) und meine Stifte, um beispielsweise mal das Symbol für „Flipchart" zu üben. Wenn wir das dreißigmal gezeichnet haben, klappt es „live" auch sofort.

Mein Symbol für „Flipchart" sieht beispielsweise so aus (Bild 10.6):

Bild 10.6
Das Symbol für „Flipchart"

Ich weiß, das ist keine große künstlerische Leistung, aber darum geht es hierbei gar nicht. Es geht vielmehr darum, eine Assoziation zu einer Situation darzustellen. Wenn ich nun das Symbol mit meinem Symbol für „Gruppe" mische und ein bisschen Farbe ins Spiel bringe, sieht es schon nach „Teamschulung" oder „Vortrag" aus:

Bild 10.7 Das Symbol für „Schulung" oder „Event"

Aber erst mal der Reihe nach. Wie können wir auf einfache Art und Weise Dinge und Situationen darstellen, ohne große Künstler zu sein?

10.3.1 Gebrauchsgrafiken erstellen

Die Erstellung von „Gebrauchsgrafiken" ist verhältnismäßig einfach, wenn wir erst einmal verstanden haben, dass sich die meisten Objekte auf wenige Striche reduzieren lassen. Dabei sollten wir möglichst einfach denken.

Dazu benötigen wir nur fünf Elemente:

- Punkt
- Linie
- Kreis
- Dreieck
- Quadrat

Beziehungsweise Abwandlungen davon (Bild 10.8):

Bild 10.8 Die fünf Basisformen der Erstellung einer Gebrauchsgrafik

Als Nächstes sollten wir unseren Blick schulen, um Objekte mit diesen einfachen Mitteln darstellen zu können, wie beispielsweise eine Kaffeetasse (Bild 10.9):

Bild 10.9 Mein Symbol einer Kaffeetasse

Wenn wir diese Grafik in ihre Einzelelemente zerlegen, sehen wir, dass ich sie nur aus zwei unserer fünf Elemente (Strich und ovaler Halbkreis) zusammengesetzt habe (Bild 10.10).

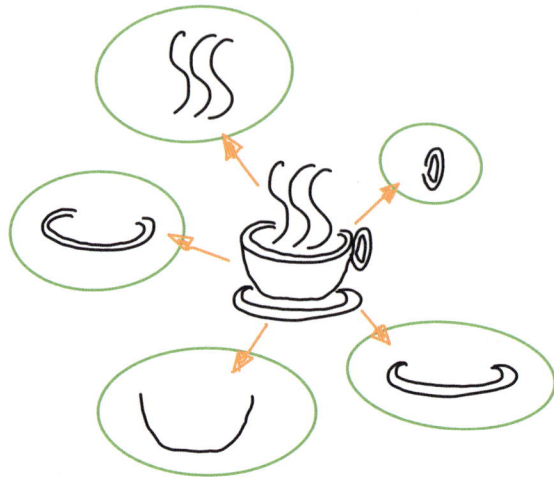

Bild 10.10 Meine Kaffeetasse, in Einzelteile zerlegt

Ich nutze dieses Symbol gerne in Workshops, um die Assoziation von „Kaffeepause" hervorzurufen.

So ziemlich jedes Motiv kann nun mit den erwähnten fünf einfachen Basisformen (Bild 10.8) dargestellt werden (Bild 10.11):

Bild 10.11 Darstellung verschiedener Symbole mit den fünf grafischen Basisformen

Wichtig ist, dass der Scrum Master sich Symbole für verschiedene Situationen im Team überlegt und diese in seinem Sketch Book übt, um das grafische Vokabular jederzeit situativ abrufen zu können.

Inspirationen dazu gibt es überall. In Bilddatenbanken von bekannten Suchmaschinen, Grafiken von Fachbüchern, Comics und so weiter. Je einfacher die selbstgezeichneten Grafiken sind, desto besser. Oft stehen wir unter Zeitdruck und da haben wir nicht die Muße, komplexe Dinge zu malen.

Ich nutze gerne graue Schattierungen und farbige Schraffuren, um meine Schwarz-weiß-Motive etwas aufzupeppen. Dazu nehme ich als persönliche Note und „Corporate Identity" nur die Farben Grau, Grün, Orange und Schwarz. Es kommt dabei nicht darauf an, die ganze Fläche auszufüllen, sondern nur die Ränder der Grafiken etwas zu schraffieren (Bild 10.12).

Bild 10.12 Schraffierung einer Bombe als Symbol für Risiko

Um Buchstaben oder Bilder etwas plastischer zu machen, nutze ich graue Schatten, ehe ich an die bunte Schraffur gehe. Das könnte dann in etwa so aussehen (Bild 10.13):

Bild 10.13 Buchstaben können mit Schatten und Schraffuren versehen werden.

Einen Schatten im Hintergrund einer Grafik zu zeichnen, ist nichts anderes als das Objekt (in diesem Fall die Buchstaben) noch einmal genau gleich mit grauer Farbe nachzuzeichnen, jedoch etwas versetzt – in meinem Fall nach rechts unten verschoben.

10.3.2 Flipchart-Gestaltung

Das Gestalten von Schrift und Grafik auf Flipcharts verläuft nach einigen einfachen Regeln:

1. Zuerst erstellen wir die Textelemente (Bild 10.14).

Bild 10.14 Erstellung eines Textelements

2. Danach erstellen wir die Grafiken (Bild 10.15).

Bild 10.15 Erstellung einer Grafik zum Text

3. Danach wird alles mit einem Rahmen versehen (Bild 10.16).

Bild 10.16 Erstellung eines Rahmens um die Grafik und den Text

4. Danach erstellen wir die Schatten (Bild 10.17).

Bild 10.17 Erstellung von Schatten um Text, Grafik und Rahmen

5. Und zum Schluss die Schraffuren (Bild 10.18).

Bild 10.18 Hinzufügen von bunten Schraffuren

Natürlich gibt es noch mehr Gestaltungsmöglichkeiten. Ich arbeite gerne mit bunter Kreide für die Hintergrundeinfärbung von Rahmen und Flächen. Die Buchstaben schreibe ich aber am liebsten mit Keilspitze, nicht wie in meinen Grafiken mit Rundspitze.

Im Anhang (Abschnitt 13.2) habe ich einige Bücher aufgelistet, die sich intensiver mit diesem Thema befassen.

11 Basisthemen

■ 11.1 Agilität

Seit geraumer Zeit bekommen wir „Buzzwords" wie „Agilität" und „Agiles Mindset" um die Ohren gehauen. Diese Worte werden stark inflationär verwendet. Agilität wird bereits als Ausrede für alles Mögliche genutzt. Kommt jemand zu spät, ist er agil. Möchte er Arbeit erst später machen, weil er keine Lust hat, sagt er, er sei agil.

Aber was bedeuten diese Begriffe nun genau?

11.1.1 Was ist Agilität?

Agilität bedeutet im mitteleuropäischen Sprachgebrauch „geistig und körperlich gewandt". Eine Definition im agilen Produktherstellungskontext könnte folgendermaßen lauten: „Wir erschließen bessere Wege, Ergebnisse zu entwickeln, indem wir es selbst tun und anderen dabei helfen. Das Vorgehen basiert auf festen Werten und Vorgehensregeln."

 Agilität im allgemeinen Sprachgebrauch

Wenn mein Opa im Alter von 82 Jahren jeden Tag 5 Kilometer mit dem Fahrrad über einen Hügel zum Einkaufen fährt, nennen wir das „körperlich agil". Wenn meine Oma mit 76 Jahren die komplexesten Kreuzworträtsel in Rekordzeit löst, nennen wir das „geistig agil".

Agil zu sein, ist das Gegenteil von schwerfällig, träge, unbeweglich. Für die Teamarbeit bedeutet das, wir versuchen schwerfällige Planung aufzubrechen und offen zu sein für schnell auftretende Veränderungen. Wir wollen leichtfüßige Abläufe einführen und überbordende Bürokratie auf ein vernünftiges Maß zurechtstutzen.

Die Basis für Agilität im Berufsleben ist das „Agile Manifest" (Abschnitt 13.3). Für dessen Erstellung haben sich 2001 namhafte Entwickler getroffen und dieses, unter Berücksichtigung von Vorgehensweisen der Softwareentwicklung wie Kanban, Scrum oder Xtreme-Programming, festgelegt. Es besteht aus zwölf Regeln, die in vier Kernaussagen zusammengefasst sind. Heute findet die Anwendung von agilen Frameworks nicht nur in der Softwareentwicklung, sondern auch in vielen anderen Bereichen statt.

 Agile Prinzipien

Im agilen Kontext sprechen wir nicht von Regeln, sondern von Prinzipien. Wenn wir Regeln folgen, lassen diese keinen Spielraum. Prinzipien hingegen stecken einen Rahmen ab, in dem wir uns kreativ bewegen können.

Aber Vorsicht! Agilität sollte nicht um jeden Preis entwickelt und eingesetzt werden. Es gibt durchaus Bereiche, wo Agilität stört oder fehl am Platz ist:

- Bei hoch reproduzierenden Tätigkeiten
- Bei feingranularen Zielen (Qualitätssicherung)
- Bei festvorgeschriebenen Arbeitsabläufen
- Bei der Einhaltung von Normen (ISO)

 Wie erkennen wir einen agilen Menschen?

Für einen Scrum Master ist es wichtig zu erkennen, ob und inwieweit eine Person agil ist. Dies ist erkennbar, wenn auf das Vorhandensein folgender Eigenschaften geachtet wird:

- Sehr guter Umgang mit komplexen Problemen, und das ohne vorhandene Musterlösung oder Präzedenzfall
- Fähigkeiten: Flexibel, iterativ, funktional, selbstreflektiert, vernetzt, selbstorganisiert, vertrauensvoll
- Im Umgang mit anderen: Verhaltensflexibel, ambiguitätstolerant, selbstreflektiert, allgemein kommunikationsfähig, neugierig, aufgeschlossen

11.1.2 Wozu brauchen wir agile Werte?

Wir unterscheiden zwischen „Werten" und „Normen". Diese stellen zwei gegensätzliche Pole dar, die jedoch in einem System coexistieren.

Jede Gruppe oder Gesellschaft hat bestimmte Grundwerte, damit ihr Zusammenleben funktionieren kann. Dies sind erstrebenswerte Zustände, die ein Zusammenleben oder arbeiten für den Einzelnen angenehmer machen und den Erhalt und die Funktion des Systems erhalten. In Deutschland sind dies beispielsweise Redefreiheit oder Gleichberechtigung.

Normen sind Verhaltensweisen, die in bestimmten Situationen erwartet oder gefordert werden. Damit Normen eingehalten werden, übt eine übergeordnete Instanz Kontrolle aus. Je wichtiger die Norm, desto strenger wird die Einhaltung überwacht.

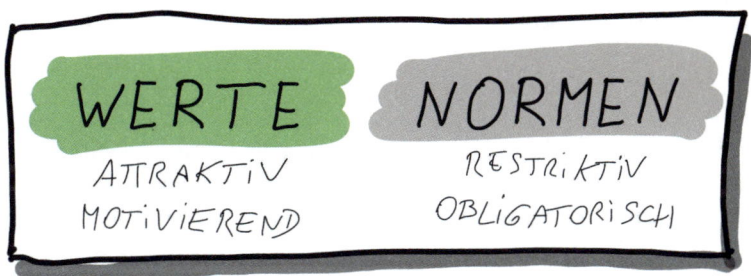

Bild 11.1 Werte vs. Normen

Während Normen strikte Vorgaben machen und dadurch Handlungen ausschließen, ermöglichen Werte neue Handlungsmöglichkeiten (Bild 11.1).

Die Basis von Scrum sind immaterielle, moralische, innere Werte wie Fokus, Offenheit, Respekt, Mut und Selbstverpflichtung.

■ 11.2 Das Agile Mindset

Wer über eine Internetabfrage herauszufinden versucht, was nun dieses vielzitierte „Agile Mindset" genau ist, wird sehr viele, teilweise widersprüchliche, Aussagen finden. Aber was ist dieses „Agile Mindset" nun genau?

11.2.1 Agile Methoden und Agile Kultur

Selbst Menschen, die schon einige Erfahrung mit Scrum und Agilität haben, verwechseln oft Methoden mit Kultur:

- **Agile Methoden:** Wenn wir beispielsweise Scrum-Sprints, Kanban-Boards und verschiedene agile Events einführen, setzen wir Methoden ein. Leider reicht dies nicht, um wirklich agil zu werden. Ohne die Basis, also eine agile Kultur, bleiben diese Methoden leere Hüllen, die oft sogar Mehraufwand für die Teammitglieder bedeuten, anstatt ihnen das Arbeiten zu erleichtern.
- **Agile Kultur:** Eine agile Kultur bedeutet, dass alle Beteiligten, und dazu gehören nicht nur das Team, sondern auch dessen Umfeld wie Führungskräfte und Stakeholder, Agilität verstanden haben und diese zu leben versuchen. Die Basis für eine Agile Kultur ist das vielzitierte „Agile Mindset".

11.2.2 Was ist ein „Mindset"?

Der Begriff „Mindset" bedeutet, dass wir gedanklich Filter im Kopf haben, durch die wir unsere Umwelt wahrnehmen. Diese Filter bestimmen, was wir in bestimmten Situationen aufnehmen, wie wir bestimmte Situationen empfinden, und steuern dadurch auch, wie wir auf bestimmte Situationen reagieren. Das alles spielt sich unbewusst ab. Ehe wir eine bewusste Entscheidung treffen, hat unser Unterbewusstsein bereits für uns entschieden.

Diese „Filter im Kopf" sind Synapsenverschaltungen im Gehirn, die sich aufgrund des von uns seit der Kindheit Erlebten gebildet haben. Diese sind bei keinem Menschen dieser Welt identisch. Das bedeutet, niemand nimmt die Welt so wahr wie wir.

Nun besteht die Möglichkeit, die Wahrnehmung einer Situation zu justieren, indem wir unser Mindset, also die Sicht der Dinge, ändern. Dies wirkt sich dann automatisch auf unsere Handlungen aus.

Menschen, die sich an ihre Komfortzone klammern und alles tun, um sich nicht ändern zu müssen, haben ein „Fixed Mindset". Das sind Personen, die beispielsweise der Überzeugung („Glaubenssatz") sind, alles ist, wie es ist, und lässt sich ohnehin nicht ändern.

Menschen mit einem „Growth Mindset" haben die Überzeugung, dass sie alles erreichen können, wenn sie nur genug dafür tun. Das ist auch die Basis für das „Agile Mindset".

11.2.3 Das Agile Mindset

Es geht hierbei um eine spezielle Geisteshaltung, Einstellung und Herangehensweise, also eine spezielle Art zu denken. Einen Teil dieser inneren Haltung kennen wir vielleicht unter dem Slogan „think positive". Wir erkennen, dass es in allem, was schlecht ist, auch eine positive Seite gibt.

Aber es ist nur ein Aspekt, in plötzlich auftauchenden Problemen eine Chance zu sehen. Ein weiterer Punkt ist, dass agile Menschen überzeugt sind, dass jeder besser werden kann, wenn er daran arbeitet. Dazu gehört es, die Komfortzone zu verlassen und oft unbequeme Wege zu beschreiten.

„Wer in seiner aktuellen Starre verharrt, wird bald vom Leben überholt." Dieser Spruch war noch nie so wahr wie in unserem modernen Berufsalltag, in dem sich vieles sehr schnell ändern kann.

Immer wieder erlebe ich, dass bei Fehlern viel Energie darauf verwendet wird, einen Schuldigen zu finden. Es wird Runde um Runde gedreht, um das Problem zu besprechen, von vorne nach hinten und von links nach rechts durchgekaut und sich tierisch darüber aufgeregt, dass es passiert ist. So geht extrem viel wertvolle Energie verloren.

Diese Energie sollte in eine lösungsorientierte Denkweise investiert werden. Das bedeutet, wir lassen den Fehler möglichst schnell hinter uns, er ist ja schon passiert und wir können nichts mehr daran ändern. Besser konzentrieren wir unsere Energie darauf, eine Lösung des Problems zu finden.

Ein weiterer wichtiger Punkt ist der Umgang mit Ungewissheiten. Es soll gelernt werden, Ungewissheiten auszuhalten, Glaubenssätze zu hinterfragen und sich „scheibchenweise" an die Lösung eines Problems heranzuarbeiten. Dabei lernen wir wiederum aus den Fehlern, die passieren.

Ein wichtiger Aspekt des „Agilen Mindsets" ist auch der Glaube, dass wir ununterbrochen lernen und „schlauer werden". Am besten lernen wir dabei aus unseren eigenen Fehlern („Positive Fehlerkultur"). Insbesondere, wenn wir etwas selber tun und erleben.

 Der wichtigste Glaubenssatz des Agilen Mindsets

„Ich kann nur etwas ändern, wenn ich selber etwas dafür tue."

Es ist ein weitverbreiteter Fehler, zu denken, dass sich „die anderen" ändern können und sollen, ohne dass ich etwas dazu beitrage.

11.2.4 Das Agile Mindset im beruflichen Kontext

Die beschriebene Geisteshaltung wird nun im beruflichen Kontext um einige Punkte erweitert:

- Gruppenentscheidungen werden den Entscheidungen Einzelner vorgezogen.
- Ein Team ist immer mehr als die Summe der Einzelmitglieder.
- Als Scrum Master lernen wir, dass wir dem Team vertrauen können.
- Bei allem, was wir tun, hinterfragen wir, ob der Nutzen für den Kunden vorhanden und groß genug ist, damit sich eine Umsetzung auch lohnt.
- Agile Prozesse werden konsequent umgesetzt. Wenn möglich, nutzen wir agile Vorgehensweisen statt klassische Prozesse.

11.2.5 Emotionale Agilität

Es gibt noch einen wichtigen Aspekt, den ich gerne ansprechen würde und der oft außer Acht gelassen wird, wenn es um Agilität geht. Wir betrachten aufgrund des beruflichen Kontexts viel zu selten unsere Gefühlswelt und die unserer Teammitglieder.

Die „sieben großen Emotionen" sind Angst, Wut, Trauer, Ekel, Scham, Interesse (Neugier) und Freude. Alle anderen Gefühle sind eine Mischung aus diesen sieben. Melancholie ist beispielsweise eine Mischung aus Trauer und Freude.

Wir unterteilen Gefühle oft in positiv („sollten wir haben") und negativ („dürfen nicht sein"). Und das ist schade, denn wir entwerten damit zum Beispiel Trauer oder Wut.

Emotionale Agilität bedeutet, auch diese negativ gefärbten Gefühle anzunehmen, sich bewusst für sie zu entscheiden. Denn was wäre Freude ohne Trauer? Interesse ohne Angst? Erst der Unterschied macht Gefühle möglich.

Als Scrum Master gilt es, negative Gefühle bei Teammitgliedern zuzulassen. Es ist nicht unsere Aufgabe, dafür zu sorgen, dass sich jede Entscheidung des Teams für alle gut anfühlt.

Es gibt sicher auch Einzelentscheidungen von Vorgesetzten, die nicht auf allgemeine Zustimmung treffen. Dann ist es ok, wenn man wütend oder verunsichert ist. Diese Gefühle haben genauso ihre Berechtigung wie Freude oder Zufriedenheit. Wichtig ist nur, dass solche Gefühle nicht die Performance des Teams beeinträchtigen. Sollte dies so sein, ist es Aufgabe des Scrum Masters, die Spannungen aufzulösen.

Sobald wir ein Agiles Mindset etabliert haben, werden wir auch erkennen, dass Kritik, selbst wenn sie in uns oft Widerstand oder Wut hervorruft, nichts Schlechtes ist. So gesehen sind auch die vermeintlich negativen Gefühle gut für unsere Weiterentwicklung.

 Die Bedeutung des Agilen Mindsets für den Scrum Master:

Die Geisteshaltung Agiles Mindset macht für uns als Scrum Master Folgendes aus:

- Denke positiv – Probleme sind Chancen.
- Sei lösungsfokussiert – weg vom problemzentrierten, hin zum lösungsorientierten Denken.
- Sei ambiguitätstolerant – halte Unsicherheiten aus.
- Komplexität ist abbaubar – große Aufgaben kann man immer in so kleine Scheiben schneiden, dass diese einfach lösbar sind.
- Fehlerkultur – wir lernen am besten aus unseren Fehlern und dann aus denen der anderen.
- Lernkultur – Lernen und Arbeiten verschmelzen immer mehr.
- Kollektive Intelligenz wird bevorzugt – glaube an die „Schwarmintelligenz".
- Der Kundennutzen steht im Fokus.
- Wir priorisieren agile Prozesse.
- Systemischer Ansatz – jede Veränderung beginnt zuerst bei mir selbst. Um etwas ändern zu wollen, muss ich mich zuerst ändern.
- Emotionale Agilität – es gibt keine negativen Gefühle!

■ 11.3 Wertearbeit

11.3.1 Was sind Werte?

Wir arbeiten im agilen Umfeld mit agilen Werten. Aber jeder Mensch hat abgesehen davon auch persönliche Werte, in Form von Überzeugungen oder Eigenschaften. Meistens sind das nur drei bis fünf, jedoch beeinflussen diese unbewusst unser ganzes Verhalten. Wenn wir etwas tun, bei dem wir uns gut fühlen, bedienen wird diese Werte. Wenn wir etwas tun, bei dem wir uns schlecht fühlen, arbeiten wir gegen diese Werte. Je besser oder schlechter wir uns fühlen, desto mehr oder weniger arbeiten wir für oder gegen unsere Werte.

Wenn wir die Werte eines Menschen kennen, verstehen wir auch, warum er so ist wie er ist und warum er so reagiert wie er reagiert. Dadurch können wir Vorhaben so verpacken, dass diese die Werte der Person bedienen. Somit können Widerstände sehr gut abgebaut werden.

Zu den persönlichen Werten eines Menschen zählen beispielsweise Sicherheit, Liebe, Harmonie, Selbstbestimmung, Abenteuer, Treue und Zuverlässigkeit. Es gibt verschiedene Listen mit der Aufzählung von Werten, ich nutze für meine Arbeit immer die „große Werteliste" (Abschnitt 13.1).

11.3.2 Die eigenen Werte erkennen

Um die eigenen Werte herauszufinden, empfiehlt es sich, mit Unterstützung eines Wertecoaches, mehrere Coachingsitzungen zum Thema zu absolvieren.

Es gibt natürlich auch eine Methode, um selbst grob die eigenen Werte zu bestimmen. Diese Ergebnisse sollten jedoch zur Sicherheit immer noch mal von einem Wertecoach nachbearbeitet werden.

 Herausfinden der eigenen Werte

Im ersten Schritt sehen wir uns die Werte der „großen Werteliste" (Abschnitt 13.1) an und markieren die, die eine wichtige Rolle in unserem Leben spielen. Dabei ist es notwendig, in sich hineinzuhören und auf das eigene Bauchgefühl zu achten. Wir sollten auf keinen Fall den Fehler begehen, die Werte zu markieren, die gut klingen oder moralisch in unserer Gesellschaft hoch angesehen sind. Diese Liste soll ja auch niemand anderes zu Gesicht bekommen.

Wir sollten uns bewusst sein, dass es darum geht, nur die für uns wichtigsten Werte zu markieren, was aber nicht bedeutet, dass wir alle anderen ablehnen, nur weil sie nicht markiert sind.

Nun notieren wir jeweils einen der von uns markierten Werte auf ein Kärtchen oder einen Klebezettel. Es sollten nicht mehr als 20 sein. Sollte es Werte geben, die in der großen Werteliste fehlen, können diese natürlich auch auf einen Zettel geschrieben werden.

Im nächsten Schritt geht es nun darum, die Werte zu priorisieren, also festzustellen, welche dieser Werte auf den Zetteln mir am wichtigsten sind. Das ist oft gar nicht so einfach. Daher dazu ein Tipp: Wir nehmen einen Wert und legen die Karte vor uns hin. Nun nehmen wir den nächsten Wert zur Hand und überlegen, ob er für uns wichtiger oder unwichtiger ist als der Wert, der schon vor uns liegt. Je nachdem legen wie die Karte dann links (wichtiger) oder rechts (unwichtiger) neben die erste Karte.

Im nächsten Schritt nehmen wir die nächste Karte, vergleiche diese einzeln mit jedem der bereits vorliegenden Werte und platzieren die Karte entsprechend links (wichtiger), rechts (nicht so wichtig) oder zwischen den Karten.

Wenn wir diesen Vergleich nun mit jeder Karte machen, ist dies zwar zeitaufwendig, aber wir bekommen so eine zuverlässige Priorisierung unserer persönlichen Werte.

Dieses Vorgehen nennt sich „vergleichende Priorisierung" und ich nutze diese auch für Personen, die sich schwertun, eine Reihenfolge nach Wichtigkeit herzustellen. Auf diese Art kann ich zum Beispiel einen Product Owner unterstützen, wenn er mit der Priorisierung von User Stories Probleme hat, oder einen Kunden, der seine Anforderungen alle als „gleich wichtig" erachtet, diese aber trotzdem priorisieren soll.

Nun sollten wir eine Reihe von Karten haben, deren Werte von links („für mich wichtig") nach rechts („für mich nicht so wichtig") sortiert sind.

Als nächsten Schritt entfernen wir alle Werte bis auf die ersten sechs auf der linken Seite.

Jetzt stellen wir uns für jeden einzelnen der übriggebliebenen sechs Werte die Frage „Was bekomme ich davon?". Es kann passieren, dass wir merken, dass sich ein Wert irgendwie doch nicht so gut anfühlt. Wir sollten da unbedingt auf unser Bauchgefühl achten. Fühlt sich die Sache nicht gut an, entfernen wir den Wert. Es kann auch sein, dass wir einen Wert durch einen anderen ersetzen oder ihn in der Reihenfolge verschieben.

Als Ergebnis der Übung haben wir nun unsere sechs wichtigsten Werte, die uns unbewusst steuern, ermittelt.

Diese Übung kratzt nur an der Oberfläche dieses sehr komplexen Themas. Jeder, der sich mit seinen Werten intensiver beschäftigen will, sollte zu einem speziell dafür ausgebildeten Coach gehen. Aber für eine erste Orientierung reicht dies in der Regel erst mal.

Nun sollten wir auch verstehen, warum wir in gewissen Situationen richtig zufrieden mit uns sind, in anderen Situationen jedoch unglücklich oder einfach ein schlechtes Gefühl haben.

11.3.3 Werte anderer erkennen

Die eigenen Werte zu erkennen ist oft nicht einfach, funktioniert jedoch ganz gut, wenn wir bei der Übung, wie sie im vorherigen Kapitel beschrieben wurde, schonungslos ehrlich zu uns selbst sind. Die Werte anderer zu erkennen ist leider um ein Vielfaches schwieriger, da es hier um Themen geht, die eben sehr persönlich sind. Wie erkennen wir als Scrum Master nun die Werte unserer Teammitglieder?

Ich nähere mich dazu den einzelnen Teammitgliedern, indem ich die Werte betrachte, die für sie am Arbeitsplatz wichtig sind. Dadurch bekomme ich auch ein gutes Bild über die persönlichen Vorlieben.

Dazu nutze ich das Werkzeug „Human Motivators", eine Abwandlung des agilen „Moving Motivators" aus Jürgen Appelo's „Management 3.0" (Abschnitt 13.3.1).

Das Tool besteht es aus einem Kartensatz mit elf Karten, auf denen die wichtigsten Werte („Motivatoren") im Job benannt werden:

- Wertschätzung
- Werte
- Status
- Fairness
- Verbundenheit
- Fortschritt
- Können
- Sicherheit
- Sinn
- Autonomie
- Wirksamkeit

Das Vorgehen ist nun ähnlich wie im vorherigen Beispiel (Abschnitt 11.3.2). Jeder Teilnehmer bekommt einen Satz der „Moving Motivators"-Karten ausgehändigt. Nun hat jeder die Aufgabe, seine Karten so nebeneinander zu legen und zu sortieren, dass die für ihn persönlich wichtigste ganz links und die für ihn unwichtigste ganz rechts liegt. Dadurch entsteht von links nach rechts eine Kartenreihe entsprechend der persönlichen Wichtigkeit der Werte(Bild 11.2).

Bild 11.2 Mögliches Ergebnis einer von links nach rechts entsprechend persönlicher Wichtigkeit sortierten Wertereihe

Nun werden alle Werte, welche durch die Arbeit im Scrum Team „bedient" werden, nach oben geschoben. Die Werte, die im Job zu kurz kommen, werden nach unten verschoben. Wenn ein Wert durch den Job weder bedient noch unterdrückt wird, bleibt er in der mittleren Reihe liegen (Bild 11.3).

Bild 11.3 Mögliches Ergebnis einer Sortierung nach „Wert wird von meiner Teamrolle bedient oder nicht bedient"

Diese drei Reihen geben bereits Aufschluss darüber, welche Werte dem Teammitglied wichtig sind und welche Werte ihm aktuell in seiner Rolle im Team als gefördert oder unterdrückt erscheinen. Dies kann als guter Coaching-Ansatz genommen werden, um gemeinsam herauszufinden, was zu tun ist, um die wichtigsten Werte (ganz links in der Reihe) nach oben zu bekommen, wenn sie in der unteren Reihe liegen sollten.

Es gibt noch viel mehr Möglichkeiten, mit dem Kartenspiel aktiv zu arbeiten. Beispielsweise können Ängste oder Hoffnungen in Bezug auf Veränderung im neuen Job oder im Umfeld aufgezeigt werden und als Ansatz für eine weitere Bearbeitung genutzt werden.

 Beispiel für die Arbeit mit den Karten

Ich hatte ein Mitglied in meinem Scrum Team, dessen Teamrolle auf eigenen Wunsch und den des Teams vom Entwickler zum Product Owner geändert werden sollte. Daraufhin hielt ich eine Coaching-Session mit dieser Person ab, um mittels der „Human Motivators"-Karten ihre Erwartungshaltung abzufragen.

- **Schritt 1:** Auflegen der Karten in der Reihenfolge nach Wichtigkeit (links die wichtigsten, rechts „nice to have"). Das zeigt, welche Werte dem Teilnehmer wichtig sind.

- **Schritt 2:** Werte, die in der aktuellen Rolle als Entwickler nicht bedient werden, wurden nun nach unten geschoben. Karten, die in der aktuellen Teamrolle als Entwickler bedient wurden, nach oben. Dies spiegelte also die aktuelle Sicht der Rolle wider, den „Ist-Zustand".

- **Schritt 3:** Werte, die in der neuen Rolle als Product Owner voraussichtlich bedient werden, nach oben verschieben, Werte, die nicht bedient werden, nach unten. Dies spiegelt nun die Erwartungshaltung der Kollegin wider, den „Soll-Zustand". Hier erkennen wir dann auch die Werte, welche die Kollegin dazu motiviert haben, die neue Rolle anzunehmen. Dies sollten die ersten zwei bis drei Werte, ganz links in der oberen Reihe, sein.

- **Schritt 4:** Nun liegt es an uns, als Scrum Master, die weitere Entwicklung gut zu beobachten und dafür zu sorgen, dass die Werte in der oberen Reihe in Zukunft auch wirklich bedient werden, und wenn nicht, gemeinsam eine Vorgehensweise festzulegen, wie dies erreicht werden kann.

Das Schöne an den „Moving Motivators"-Karten ist, dass man sie in jeder Art von Veränderungssituation nutzen kann, um eine aktuelle Situation (Rolle, Projekt, Job, Lebenssituation) zu visualisieren, aber auch um Wünsche oder Hoffnungen in Bezug auf eine zukünftige Situation abzufragen.

Ich nutze die angeführten Techniken nicht nur, um den „Ist-Zustand" und die voraussichtliche Veränderung zu visualisieren, sondern auch um einen gewünschten Zielzustand aufzuzeigen. Alle Ergebnisse dieses Vorgehens ermöglichen es nun, weitere Ableitungen in Bezug auf Coachingbedarf (sogenannte „Action Points") zu definieren.

■ 11.4 Richtige Kommunikation

Das „A und O" einer erfolgreichen Teamzusammenarbeit, aber auch fürs Privatleben, ist richtige Kommunikation. Ich habe festgestellt, dass mehr als 80 % aller Konflikte aufgrund von falscher Kommunikation entstehen. Warum das so ist und was wir dagegen tun können, werde ich nun in diesem Abschnitt erklären. In unserem mitteleuropäischen Umfeld nutzen wir zur direkten Kommunikation in erst Linie das gesprochene Wort, ergänzt durch Körpersprache. Daher fokussiere ich mich erst einmal darauf.

11.4.1 Die Sprache

Sprache macht den Menschen zum Menschen. Wir versuchen, durch die Sprache bei anderen etwas zu erreichen: Verständnis, Handlungen, Reaktionen. Wenn das Gesprochene, also die Botschaft, jedoch falsch ankommt und missverstanden wird, kann die Auswirkung ganz anders ausfallen, als wir es uns vorstellen. Das gibt Stoff für Konflikte! Was können wir nun tun, um richtig verstanden zu werden?

11.4.2 Das Sprachmodell

Stellen wir uns folgende Situation vor (Bild 11.4): Person A (Sender) möchte Person B (Empfänger) etwas erklären.

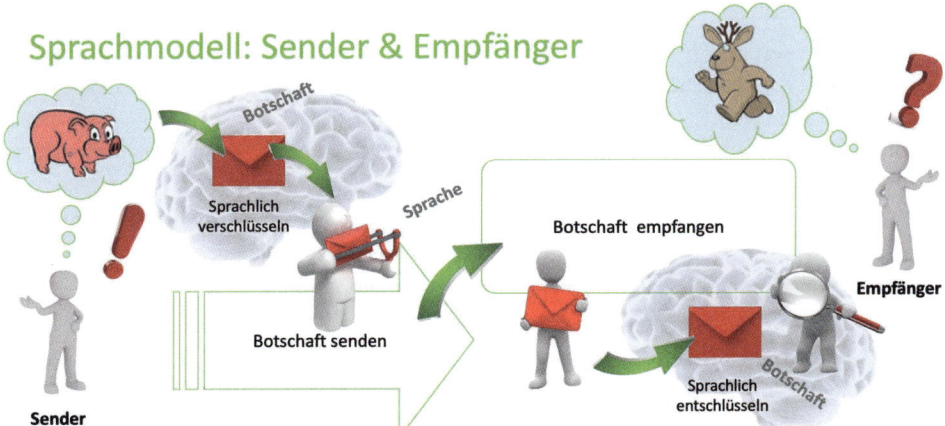

Bild 11.4 Das Sprachmodell, einfach dargestellt

Dazu wandelt das Gehirn des Senders das Bild des zu beschreibenden Gegenstands, in unserem Fall ein Schweinchen, in eine Botschaft um, die im Gehirn in Worte übersetzt wird und per Sprache an den Empfänger gesendet wird. Dessen Ohren nehmen die Schallwellen der gesprochenen Worte über das Ohr auf und leiten diese ins Gehirn weiter, welches nun die Botschaft, also die gehörten Worte, „entschlüsselt" und wieder in ein Bild zurück umwandelt.

In unserem Beispiel drückt der Sender sich jedoch nicht richtig aus. Vielleicht hat er ja die falschen Worte gewählt oder undeutlich gesprochen? Anstatt zu verstehen, dass es hier um ein Schweinchen geht, denkt der Empfänger nun, es geht um einen „Wolpertinger", ein Fabelwesen aus Bayern (Abschnitt 13.3.1).

Wenn dies nun im Alltag passiert, schieben wir die Schuld gleich auf den Empfänger, halten ihn für dumm oder jemanden, der nicht richtig zuhören kann.

Jedoch ist alleine der Sender dafür verantwortlich, dass die Botschaft beim Empfänger richtig ankommt!

 Basisgesetz der richtigen Kommunikation

„Nicht was wir meinen, zählt, sondern das, was ankommt!"

Ich kann ja auch nicht, wenn ich ein Scrum-Master-2.0-Training durchführe, einfach davon ausgehen, dass mich alle Teilnehmer verstehen, wenn ich so „vor mich hin erzähle". Es ist alleine meine Aufgabe, die Inhalte immer unter Rücksichtnahme auf alle Kommunikationstypen (Abschnitt 11.4.4) und Kommunikationsebenen (Abschnitt 11.4.5) einer Botschaft zu vermitteln.

11.4.3 Behindernde Kommunikationsprozesse

Es gibt drei Kommunikationsprozesse, die eine gute Kommunikation erschweren. Diese werde von uns seit unserer Kindheit unbewusst angewendet, wenn wir reden. Der Grund ist unser Gehirn. Es versucht sich laufend zu optimieren, indem es effizient mit der Energie umgeht, die ihm vom Körper zur Verfügung gestellt wird. Das bedeutet, es versucht mit möglichst wenigen und vereinfachten Mitteln zu kommunizieren, was eine klare Aussage oft erschwert.

1. **Verallgemeinerungen/Generalisierung:** Wir lassen Ausnahmen und bestimmte Bedingungen weg, um nicht zu langatmig zu werden. Das kommt daher, dass unser Gehirn gleiche oder ähnliche Ereignisse sortiert und einander zuordnet.

   Ein typisches Beispiel ist eine Hundephobie. Wurde eine Person einmal von einem Hund gebissen, wird sie in Zukunft immer Angst davor haben, wenn ein Hund in der Nähe ist. Daraus entstehen sehr schnell sogenannte „Glaubenssätze" (Schwarz-Weiß-Denken) wie beispielsweise: „Alle Taxifahrer wollen mich übers Ohr hauen", „Flüchtlinge kommen nur zu uns, weil sie nicht arbeiten wollen" oder „Egal wie sehr ich mich anstrenge, mein Chef sieht es ohnehin nicht".

   Wenn wir diese Glaubenssätze hinterfragen, werden wir feststellen, dass die Person aufgrund von einem oder zwei Vorfällen auf eine ganze Gruppe schließt. Und das verbaut dieser Person sehr viele gute Erfahrungen sowie eine geistige Weiterentwicklung.

2. **Verzerrungen:** Wir vereinfachen und verzerren damit eine Bedeutung. Mittels dieses Prozesses können wir unsere Wahrnehmung selber kreieren.

   Das ist die Basis, um kreativ zu sein, Romane zu schreiben oder Bilder zu malen. Nachteile entstehen dadurch, dass wir bereits Geschehenes umdeuten, wie zum Beispiel: „Die Entscheidung bereue ich.“ Dadurch erstarrt die Tatsache zu einem nicht mehr umzuwandelnden Ereignis. Und durch Verzerrungen „reden wir uns etwas schön“.

3. **Tilgungen:** Wir selektieren nur gewisse Informationen, die uns im Moment wichtig erscheinen, und lassen andere weg.

   Das bedeutet, dass wir aus einer Botschaft nur die vermeintlichen „Kernaussagen“ heraushören. Andere Eindrücke werden einfach ausgeblendet. Das kann praktisch sein, wenn wir in einem lauten Umfeld in Ruhe ein Buch lesen wollen, ist aber kontraproduktiv, wenn wir eine komplexe Botschaft übermittelt bekommen.

11.4.4 Kommunikationstypen

Es gibt unterschiedliche Kommunikationskanäle, die jeder Mensch nutzt. Jedoch hat jede Person einen favorisierten Kanal und ist dadurch ein spezieller Kommunikationstyp. Wird nun eine Botschaft auf einem anderen Kanal übertragen, führt dies schnell zu einer schlechteren Informationsaufnahme und damit zu Missverständnissen aufgrund von mangelhaft selektierten Informationen. Und wie wir bereits wissen: Missverständnisse schüren Konflikte!

Wir kennen alle folgende Situation: Jemand erklärt seinem Kollegen 40 Minuten lang einen Sachverhalt und trotzdem will der Groschen beim Kollegen nicht so recht fallen. Erst durch eine kleine Zeichnung versteht der Kollege sofort, um was es geht. Warum ist das so?

 Die fünf Kommunikationstypen

Es gibt fünf Kommunikationstypen, jedoch werden in unserem Kontext nur die ersten drei genutzt:

1. **Visuelle:** Diese Menschen wollen Informationen sehen. Bilder, Skizzen und Filme sind die Medien, über die Botschaften am besten ankommen.

2. **Auditive:** Diese Menschen wollen Informationen hören. Erzählungen, Podcasts und Hörbücher sind die Medien, über die Botschaften am besten ankommen.

3. **Kinästhetische:** Diese Menschen wollen Informationen durch „selber Hand anlegen“ bekommen. Wenn sie Dinge ausprobieren und anfassen können, erreicht sie die Botschaft am besten.

4. **Gustatorische:** Dabei geht es ums Schmecken. Informationen werden über Zunge und Gaumen gesammelt. Dies ist beispielsweise wichtig für Köche.

5. **Olfaktorische:** Hierbei geht es darum, Informationen mit dem Geruchssinn zu erlangen. Das ist wichtig für Personen, die Parfüms mischen und Düfte kreieren.

Es ist also immer wichtig, eine Botschaft so zu verpacken, dass sie auf der Kommunikations-ebene des Empfängers der Botschaft ankommen kann. Somit sorgt man als Sender für die entsprechende Aufmerksamkeit und eine hohe Dichte der Informationsaufnahme, was die Gefahr von Missverständnissen minimiert.

Leider ist dies aber alles noch nicht genug. Die Botschaft selber hat ebenfalls noch einige Dimensionen, die Kommunikationsebenen.

11.4.5 Die Kommunikationsebenen

 Ein Beispiel falscher Kommunikation

Ich habe vor einiger Zeit folgende Situation erlebt: Früh morgens gehe ich in die Küche, um mir einen Kaffee zu machen. Ich habe dazu einen Kaffee-vollautomaten, der frische Bohnen zur Zubereitung mahlt. Dieses Vorhaben, mit dem ich gerne den Arbeitstag starte, klappte nur leider nicht, da keine Kaffeebohnen mehr in der Maschine waren.

„Oh je, kein Kaffee mehr da!", sagte ich halblaut zu mir selbst. Plötzlich schallte die Stimme meiner Lebenspartnerin in ziemlich scharfem Tonfall aus dem Schlafzimmer: „Wie bitte? Willst du damit sagen, dass ich keine gute Hausfrau bin? Du kannst ja selber welchen einkaufen, wenn du siehst, dass er alle ist!"

Ich war erst mal starr vor Schreck. Ich hatte doch ohne Hintergedanken oder die aktuelle Lage zu interpretieren festgestellt, dass keine Kaffee-bohnen in der Maschine sind. Warum dachte dann meine bessere Hälfte plötzlich, ich wolle damit Kritik an ihr üben?

Solche Situationen passieren uns jeden Tag. Wir sagen etwas, aber es löst eine ganz andere Reaktion bei unserem Gegenüber aus als angenommen. Warum das so ist, erkläre ich anhand der „Vier Ebenen einer Botschaft", auch als „Kommunikationsquadrat" bekannt [Schulz1981].

- **Ebene 1: Die Sachebene**
  Hier senden wir Daten, Fakten und Tatsachen. Die meistens Männer in Mitteleuropa bewegen sich auf dieser Ebene, da sie dies durch Erziehung und kulturelle Prägung von Kind an so gewöhnt sind.

- **Ebene 2: Die Appellebene**
  Damit wollen wir etwas bewirken oder beeinflussen, also bestimmte Reaktionen hervor-rufen. Viele mitteleuropäische Frauen bewegen sich auf dieser Ebene, wenn sie kommu-nizieren.

- **Ebene 3: Die Beziehungsebene**
  Hier drücken wir uns durch Tonfall, Körpersprache und Formulierungen aus. Dies stellt die Beziehung zum Empfänger her.

■ **Ebene 4: Die Selbstoffenbarungsebene**

Hier kommunizieren wir in Richtung Empfänger, was in uns vorgeht. Dies ist eine Ich-Botschaft, es werden Gedanken und Gefühle beschrieben.

Das mag jetzt erst mal sehr theoretisch klingen. Wie wenden wir nun dieses Wissen praktisch an?

Richtige Anwendung der vier Kommunikationsebenen

Wenn wir etwas sagen, also eine Botschaft an einen Empfänger senden, sollten wir versuchen, die Botschaft so zu verpacken, dass wir damit alle vier Ebenen bedienen, sonst könnte die Botschaft missverstanden werden.

Fragt eine Frau ihren Mann: „Schatz, steht mir das neue Kleid?", erwartet sie selten eine Information, die sich nur auf der Sachebene bewegt, wie beispielsweise: „Ja, passt. Nur um die Hüften gibt es da ein paar Falten."

Hier sollte der Mann unbedingt auch alle anderen Ebenen abholen, sonst wird diese Aussage eventuell missverstanden. Der Mann bewegt sich auf der Sachebene („Passt", „Falten um die Hüften"), ohne zu werten.

Die Frau denkt aber eventuell, dass ihr Mann auf der Appellebene kommuniziert (sie hat das ja selbst vielleicht auch gemacht, um nicht nur „passt" zu hören, sondern auch Komplimente zu bekommen, wie gut sie darin aussieht) und schon haben wir einen Konflikt erzeugt.

Gehen wir noch einmal zurück zu unserem Beispiel mit dem Kaffee. Ein richtiges Verhalten, um unmissverständlich zu kommunizieren, wäre gewesen:

Ein Beispiel falscher Kommunikation, diesmal richtig

„Oh je, kein Kaffee mehr da (Sachebene). Das ist aber nicht so schlimm, trinke ich eben Tee (Selbstoffenbarungsebene). Ich kann ja später noch Kaffee einkaufen gehen, Schatz (Appellebene).

Wenn das Ganze noch in einem freundlichen Ton erfolgt (Beziehungsebene), kommt alles authentisch rüber und dann sollte die Botschaft auch so ankommen, dass sie nicht missverstanden werden kann.

Natürlich ist es erst einmal sehr anstrengend bei allem, was wir jemandem mitteilen wollen, an die vier Ebenen zu denken. Aber von einem reflektierten Scrum Master wird nun mal erwartet, dass er klar kommuniziert und damit auch ein Vorbild für sein Team ist.

Eine kleine Übung

Wir sollten versuchen, bei einer Veranstaltung zu erkennen, auf welcher Ebene der Redner unterwegs ist. Jede Art von Vortrag hat eigene Schwerpunkte. Wenn dieser durch einen Sachexperten erfolgt, der sich mit den Inhalten sehr gut auskennt, bewegt er sich in erster Linie auf der Sachebene. Hier werden Daten und Fakten vermittelt. Gute Redner erhöhen den „Merkwert" des Inhalts jedoch, indem sie noch die andere Ebenen unterstützend hinzunehmen, zum Beispiel durch „Story Telling".

Eine Rede, also ein Monolog ohne Publikumsbeteiligung, beispielsweise bei einer Hochzeit, bewegt sich meistens weniger auf der Sachebene, sondern mehr auf der Beziehungs- und Selbstoffenbarungsebene.

Versuchen wir nun festzustellen, welche Ebenen von guten Rednern genutzt werden, um ihr Publikum in den Bann zu ziehen, und warum manch andere Reden einfach nur langweilig sind.

11.4.6 Schweigen als Kommunikationsmittel

Schweigen ist scheinbar das Gegenteil von Kommunikation. Aber es wird von guten Rednern bewusst als Stilmittel eingesetzt. Es gibt viele Arten von Schweigen:

- Vorwurfsvolles Schweigen
- Beredtes Schweigen
- Demonstratives Schweigen
- Schweigen als kommunikativer Kunstgriff
- Schweigen ist manchmal Gold
- Wichtiges Instrument im Coaching-Prozess, um Raum für weitere Gedanken zu schaffen

Gründe, warum Menschen in einem Gespräch oder einer Diskussion schweigen, können vielfältig sein:

- **Anspruchsbefürchtungen:** Es besteht die Sorge, dass die Äußerungen zu banal und undurchdacht oder uninteressant sind.
- **Blockade:** Die Person ist stark mit einem inneren Thema beschäftigt, das nicht ausgesprochen oder benannt werden kann oder soll.
- **Fehlende Passung:** Es besteht die Befürchtung, dass die Inhalte nicht zum Thema oder zur Diskussion passen könnten.
- **Meditatives Schweigen:** Persönliche Themen richten alle Gedanken nach innen.
- **Verwirrung:** Die Dichte, Vielfalt und Menge der Informationen oder ihre Intensität erschweren eine Äußerung.
- **Intimitätsschutz:** Die Person hat intime oder persönliche Informationen, die sie nicht veröffentlichen will.
- **Verweigerung:** Die Person handelt als „abwehrender Charakter", um sich deutlich vom Geschehen abzugrenzen.

Wenn Schweigen bewusst als „Kunstkniff" bei einem Vortrag genutzt wird, können diese Pausen sehr großes Gewicht bekommen. Wir sind in unserer lauten, schnellen Welt oft nicht gewöhnt, ruhig zu sein. Werden Pausen eingelegt, bekommt das vorher Gesagte mehr Gewicht. Wir geben den Zuhörern Zeit zum Nachdenken und das Gesprochene wirkt nach. Stellen wir eine Frage, um danach eine lange Pause einzulegen, gibt dies außerdem Raum zum Nachdenken, ehe geantwortet wird.

Schweigen ist auch ein probates Mittel, um Emotionen aus einem Gespräch zu nehmen. Wenn mich jemand beleidigt, werde ich still, lächle ihn an und mache eine lange Pause. Oft verwirrt das den Angreifer, da er die klassischen Reaktionen „Kampf" oder „Flucht" erwartet.

11.4.7 Das Feedbackmodell

Das Feedbackmodell ist eine sehr gute Möglichkeit, jemandem etwas Unangenehmes mitzuteilen, ohne dass beide Parteien in einen Konflikt geraten. Es ist folgendermaßen aufgebaut (Tabelle 11.1):

Tabelle 11.1 Gebrauchsgrafiken für das Feedbackmodell

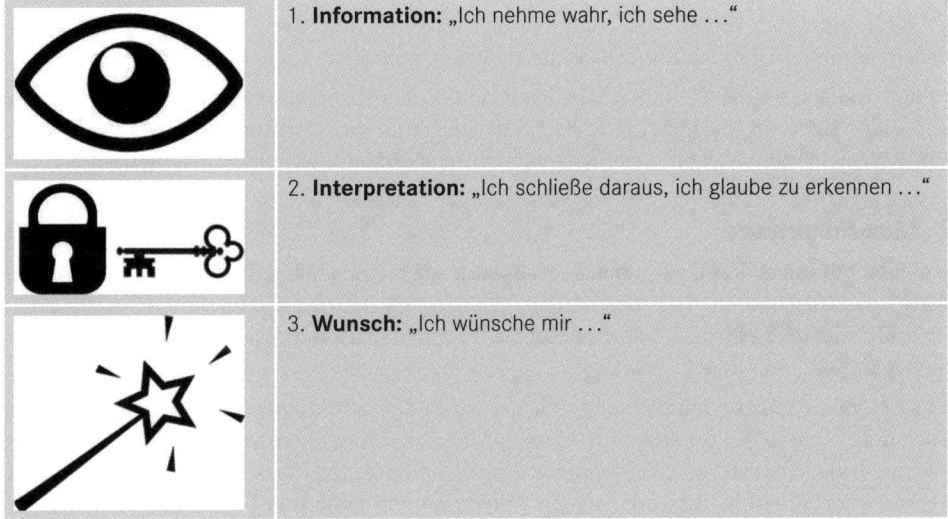

	1. **Information:** „Ich nehme wahr, ich sehe …"
	2. **Interpretation:** „Ich schließe daraus, ich glaube zu erkennen …"
	3. **Wunsch:** „Ich wünsche mir …"

Stellen wir uns folgende Situation vor: Ein Teammitglied kommt seit zwei Wochen total verschwitzt und unangenehm riechend in die Firma. Jeder im Team bemerkt es, findet es sehr unangenehm und die Kollegen sprechen heimlich auch darüber. Aber der betroffene Kollege ist sehr nett und angesehen und niemand möchte ihn verletzen. Daher sagt auch niemand etwas zu ihm.

In so einem Fall ist das Feedbackmodell ideal, um solch ein unangenehmes Thema anzusprechen. Dazu lade ich den Kollegen zu einem Vier-Augen-Gespräch ein und erkläre ihm die Lage, indem ich das Feedbackmodell als Leitfaden für mich nutze, in etwa so:

Praktische Anwendung des Feedbackmodells

1. **(Information):** „Lieber Kollege, ich habe bemerkt, dass du seit zwei Wochen jeden Morgen unangenehm riechend in die Firma kommst. Außerdem habe ich gesehen, dass ein paar Teamkollegen immer Abstand von dir nehmen, wenn du den Raum betrittst.

2. **(Interpretation):** Ich schließe daraus – berichtige mich bitte, wenn ich falsch liege –, dass du ein Problem mit der Körperpflege hast oder einfach deine Dusche kaputt ist.

3. **(Wunsch):** Ich wünsche mir, dass du ab morgen frisch geduscht und nicht mehr unangenehm riechend ins Büro kommst.

Was habe ich nun getan?

Zuerst legte ich die Beobachtungen, die ich gemacht habe, als Fakten dar (erste Informationen). Darauf habe ich meine Interpretation (zweite Interpretation) aufgebaut, mit dem Hinweis, dass ich mich ja auch irren könnte. An diesem Punkt versteht nun der Gesprächspartner, warum ich so denke, auch wenn ich mich vielleicht irre, weil ich falsche Fakten habe. Er kann dann aber meine Missdeutung nachvollziehen und diese berichtigen. Im dritten Schritt kommuniziere ich nun, wie eine Änderung aussehen könnte (drittens Wunsch).

In den meisten Fällen, in denen wir das Feedbackmodell nicht bewusst anwenden, gehen wir leider sofort in die Interpretation (zweitens). Und das löst Konflikte aus, wenn diese Aussage nicht stimmt, weil unser Gegenüber nicht versteht, warum wir so denken.

Zusatz: Ankerfrage

Ich habe mir angewöhnt, bei einer Zustimmung auf meinen Wunsch (3.) noch eine „Ankerfrage" nachzuschieben. Sagt der Kollege also: „Ja, ok, ab morgen komme ich nicht mehr überriechend in die Firma", frage ich ihn: „Wie kannst du es denn sicherstellen, dass du das auch machst?"

Viele Menschen sagen nämlich erst mal „Ja, wird erledigt" zu unserem Wunsch und haben auch den Vorsatz, ihn umzusetzen, ohne darüber nachzudenken, wie das gelingen könnte. Wenn wir die Ankerfrage „Wie kannst du denn sicherstellen, dass …" nutzen, beginnt die Person sofort über eine Lösung nachzudenken und wir können uns diese erklären lassen.

Diese Art der Frage wende ich auch sehr gerne in Events an, in denen sich Personen bereiterklären, eine Aufgabe zu übernehmen.

Streit vs. Diskussion

Wenn zu einer Diskussion Gefühle hinzukommen, wird diese zum Streit und damit zum Konflikt. Daher sollten wir versuchen, in einer Diskussion Gefühle zu vermeiden und auf der Sachebene bleiben.

11.4.8 Gespräche führen

Ich bin mir sicher, dass der eine oder andere Leser sich fragen wird, wozu es ein eigenes Kapitel zum „Miteinander reden" gibt. Das tun wir doch jeden Tag unzählige Male mit vielen verschiedenen Menschen.

Es ist richtig, dass wir gewöhnt sind, viel verbal zu kommunizieren. Daher denken wir nicht an die Form des Gesprächs, sondern immer an die Inhalte, während wir es tun. Und dadurch konzentrieren wir uns automatisch auf die Aussage, die wir machen wollen, und nicht die Form, in der wir diese tätigen. So entstehen Missverständnisse beim Empfänger unserer Botschaft, weil wir diese nicht so verpacken, dass diese auch wirklich ankommt, wie sie gemeint ist (Abschnitt 11.4.2).

Wir wissen jetzt, dass wir idealerweise eine Botschaft auf der Kommunikationsebene des Empfängers senden und dabei alle vier Ebenen der Botschaft bedienen. Bei unangenehmem Feedback nutzen wir noch zusätzlich das Feedbackmodell.

Jetzt kommen im Gespräch aber noch zwei weitere Themen hinzu, die eine guten Kommunikation schnell torpedieren können:

- **Kein aktives Zuhören:** Oft ist es so, dass wir, während unser Gegenüber noch spricht, bereits über unsere eigene Antwort nachdenken. Das lenkt vom Inhalt der Botschaft unseres Gesprächspartners ab und wir hören nicht mehr genau zu. Dadurch kommt es oft zu Missverständnissen, weil wir die Aussage nicht komplett erfasst haben. Also sollten wir uns mit unserer Antwort erst dann beschäftigen, nachdem wir versucht haben, die komplette Aussage unseres Gesprächspartners zu erfassen.

- **Wir lassen uns nicht genug Zeit:** Sobald unser Gesprächspartner mit seiner Aussage fertig ist, senden wir sofort unsere Botschaft, über die wir ja bereits fälschlicherweise nachgedacht haben.

Um diese beiden Punkte in einem Gespräch zu vermeiden, empfehle ich folgendes Vorgehen:

- **Genaues Zuhören,** um die gesamte Dimension der Aussage unseres Gesprächspartners zu verstehen.

- **Ausreden lassen.** Danach eventuell noch Fragen stellen, wenn der Inhalt nicht klar ist.

- Kurz das Verstandene mit **eigenen Worten erklären** und fragen, ob wir das so richtig verstanden haben.

- Wenn ja, erst danach über unsere **eigene Antwort nachdenken** und erst dann antworten.

11.4.9 Teamtransfer

Die hier beschriebenen Kommunikationskonzepte bringe ich den Mitgliedern meines Scrum Teams bei und achte darauf, dass diese Techniken im Arbeitsalltag auch eingesetzt werden. Wird dies regelmäßig getan, gehen die Praktiken bald in „Fleisch und Blut" über. Sie sind dann nicht mehr die Ausnahme, sondern die Regel im Team.

Das Ergebnis sind weniger Konflikte aufgrund von falscher Kommunikation. Als angenehmer Nebeneffekt fördert dies die persönliche Weiterentwicklung jedes Teammitglieds, denn die Techniken wirken sich auch positiv auf Bereiche außerhalb des Jobs aus.

■ 11.5 Teamentwicklung

In Scrum bauen wir alle unsere Vorhaben und Entscheidungen auf der Stärke des Teams auf. Es ist wissenschaftlich erwiesen, dass ein Team gemeinsam mehr schafft als die Summe seiner Mitglieder, wenn diese als „Einzelkämpfer" unterwegs wären.

Daher ist es so wichtig, aus einer Gruppe von Personen, die zusammenarbeiten sollen, ein Team zu formen. Der Scrum Master hat die Verantwortung, die Teamentwicklung zu unterstützen und erfolgreich zu machen („Teambuilding").

 Definition des Begriffs „Team"

Die Definition eines Teams ist für mich folgende: Es handelt sich um eine Gruppe von Menschen, die zusammenarbeiten, arbeitstechnisch voneinander abhängig sind und dasselbe Ziel verfolgen. ■

Es kann nicht oft genug betont werden, dass Teamentwicklung nicht mit einem oder zwei Workshops erledigt ist. Von der Gruppe zum funktionierenden „High-Performance-Team" braucht es Zeit. Je nach Zusammensetzung der Teilnehmer kann solch ein Prozess schon mal mehrere Monate dauern.

11.5.1 Von der Gruppe zum Team

Eine Gruppe von Menschen wird zusammengestellt, um gemeinsam ein Ziel, zum Beispiel die Herstellung eines Produkts, zu erreichen. Im Idealfall haben wir in dieser Gruppe alle Personen, die wir benötigen, um das Produkt anzufertigen.

Die Teamentwicklung verläuft dann folgendermaßen (Bild 11.5):

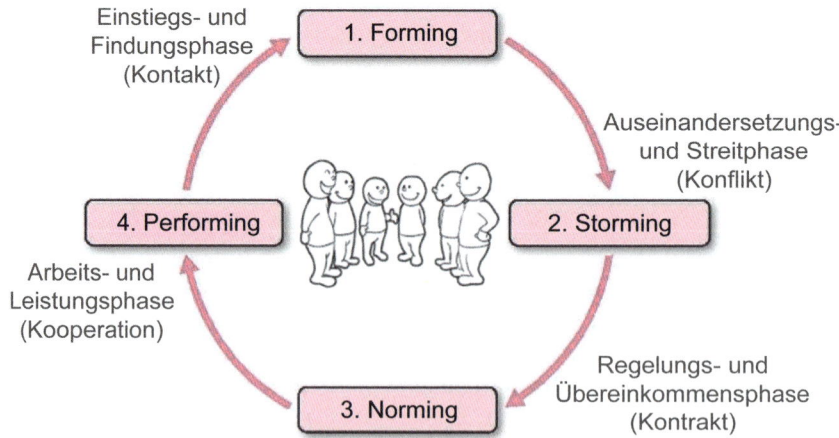

Bild 11.5 Die Entwicklungsphasen einer Gruppe zum Team

In der Anfangsphase **(Kontaktphase)** lernen sich die Teammitglieder kennen. Es wird geschaut, wer sympathisch ist, wo es gleiche Interessen gibt und bei wem man etwas vorsichtiger ist mit seinem Auftreten und der eigenen Meinung.

In der darauf folgenden **Konfliktphase** sucht sich jeder seinen Platz im Team, es gibt Konflikte und Reibereien.

Früher oder später hat jeder seinen Platz und seine Rolle im Team gefunden. Dies ist dann die **Kontraktphase.**

Erst danach ist das Team bereit, mit der Arbeit richtig loszulegen und sich laufend zu verbessern. Dies nennt sich dann die **Kooperationsphase.** Erst ab hier sind gute Leistungen möglich. Ab jetzt geht es um die laufende Optimierung des Teams.

Es gibt auch eine fünfte Teamstufe, die **Auflösungsphase,** die dann greift, wenn das Team sich wieder auflöst. Ich gehe auf diese Phase hier jedoch nicht ein.

11.5.2 Die Rolle des Scrum Masters in der Teamentwicklung

Im Verlauf der Teamentwicklungsphasen (Abschnitt 11.5.1) ändert sich auch die Rolle (Abschnitt 4.4) des Scrum Masters (Bild 11.6).

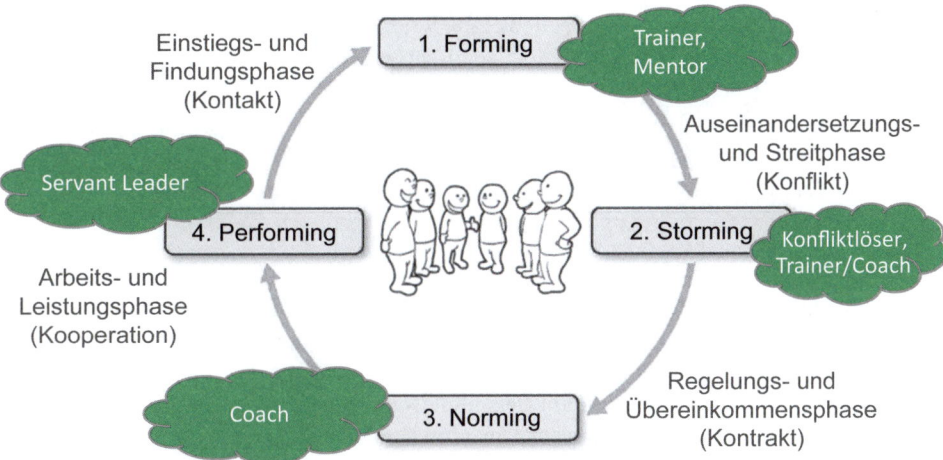

Bild 11.6 Rollenänderung des Scrum Masters in der Teamentwicklung

In der **Kontaktphase** wird Basiswissen bezüglich Scrum und Agilität durch die Scrum-Master-Rolle des **Trainers** an das Team vermittelt. Anfangs haben die Teammitglieder noch viele Fragen und brauchen Erklärungen. Diese Einstiegs- und Findungsphase wird durch die **Mentorenrolle** des Scrum Masters begleitet.

In der **Auseinandersetzungsphase** kommt es zu vielen Konflikten. Hier ist der Scrum Master als Konfliktlöser gefragt. Um die agilen Techniken und selbstorganisierten Teamprozesse zu vertiefen und weitere zu etablieren, wird dazu sowohl die **Trainer**- als auch die **Coach**-Rolle bemüht.

In der **Kontraktphase** tritt der Scrum Master sehr stark als **Coach** in den Vordergrund. Hier geht es an die Feinjustierung der Beziehungen der Teammitglieder zueinander. Dies ist der Grundstein für die weitere Entwicklung in der vierten Phase (Performing).

In der **Kooperationsphase** wird der Scrum Master in erster Linie als **Servant Leader** gefordert. Hier geht es darum, etabliertes Vorgehen weiter zu verbessern und eine Optimierung des Teams zu begleiten.

■ 11.6 Stressmanagement

Als Scrum Master sollten wir verstehen, was Stress bedeutet und wie er zustande kommt. Dies hilft uns, wenn wir die Teammitglieder unterstützen, stresstoleranter zu werden, Stress vorzubeugen oder stressige Situationen zu „entstressen".

 Was ist „Stress"?

Stress (englisch für „Druck" oder „Anspannung") ist eine Reaktion unseres Körpers auf eine vermeintliche Bedrohung. Die Reaktion auf Stress ist in unserem Stammhirn verankert und stammt noch aus der Urzeit. Dabei spielen das „Sympathicus"-Nervensystem und die Stresshormone „Adrenalin" und „Cortisol" eine Rolle.

Adrenalin versetzt den Körper in die Lage, für kurze Zeit extreme Kraftreserven zu mobilisieren, und Cortisol sorgt dafür, dass diese Leistung über längere Zeit aufrechterhalten werden kann. Nach dieser körperlichen Anstrengung wird immer eine Erholungspause eingelegt, um neue Kraft zu schöpfen.

Heutzutage müssen wir in der Regel nicht vor wilden Tieren flüchten oder mit Feinden kämpfen. Trotzdem reagiert der Körper auf gewisse unvorhergesehene Situationen mit einer Stressreaktion. Leider besteht danach meistens nicht die Möglichkeit, sich auszuruhen, um neue Energie zu tanken, im Gegenteil. Nach einer Stresswelle kommt oft schon die nächste. Auf Dauer schädigt dies aber unseren Organismus.

Wenn wir es nicht schaffen, uns nach einer Stresswelle mindesten 12 Stunden zu erholen, wird sich unser Körper früher oder später mit psychosomatischen Warnsignalen melden. Dies kann mit Kopfschmerzen oder verspannter Schulter- und Nackenmuskulatur beginnen und bei Magengeschwüren, chronischen Magen-Darm-Erkrankungen und Bluthochdruck enden. Im Extremfall kommt es zum Herzinfarkt oder Schlaganfall.

Das dabei freigesetzte Cortisol sorgt auch dafür, dass Wasser im Körper eingelagert werden kann, verursacht dadurch Übergewicht und schwächt die Abwehrkräfte. Fettleibigkeit bei manchen Managern ist daher oft nicht auf ungesundes Essen, sondern auf Stress zurückzuführen.

11.6.1 Wie kommt Stress zustande?

Die Reizschwelle, ab wann eine innere oder äußere Beeinflussung in Stress ausartet, ist bei jedem Menschen und in jeder Situation unterschiedlich. Daher ist es notwendig, dass das Stressverhalten jedes Teammitglieds gesondert betrachtet wird.

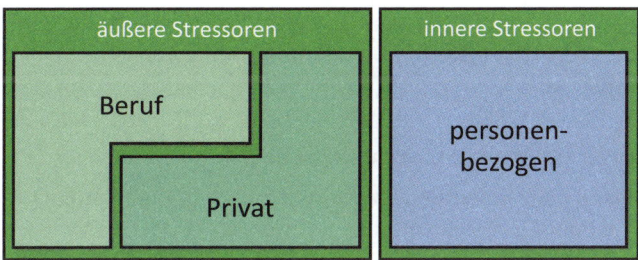

Bild 11.7 Gründe für Stressaufbau

Beeinflussungen, die in Stress ausarten können, kommen als äußere Stressoren von außen oder als innere Stressoren von uns selber (Bild 11.7).

Äußere Stressoren (Berufsumfeld)

- **Ineffektive Vertreterregelungen:** Oft gibt es für Kollegen, die krank oder in Urlaub sind, keinen oder nur ungenügenden Ersatz. Das kann die eigene Arbeit stark behindern oder sogar verhindern. Ist der Druck, trotzdem zeitgerecht zu liefern, groß, artet dies in Stress aus, auch wenn die liefernde Person nichts für die Verzögerung kann.

- **Ungleiche Anforderungs-/Fähigkeitsbalance:** Es wird mehr gefordert, als sich ein Teammitglied zutraut, vor allem, wenn niemand Rücksicht auf die tatsächlich vorhandenen Fähigkeiten nimmt.

- **Permanenter Erfolgs- und Zeitdruck:** Es wird dauernd Leistung gefordert, ohne zwischendurch Erholungspausen einzulegen, und/oder die Zeit zur Umsetzung ist zu knapp.

- **Multitasking-Anforderungen:** Es ist nachweisbar, dass Multitasking die Arbeiten verlangsamt. Ist es trotzdem notwendig, an mehreren Themen gleichzeitig zu arbeiten, kann dies ebenfalls in Stress ausarten.

- **Dunkle, hemmende Arbeitsumgebungen:** Das Team fühlt sich nicht wohl im Teambüro. Daher ist es wichtig, mit den Teammitgliedern die Büros entsprechend aufzuwerten. Oft reicht schon etwas mehr Licht, ein paar Grünpflanzen oder eine Sitzecke zum Entspannen.

- **Ergonomisch inadäquate Arbeitsmittel:** Schreibtische, Bürostühle oder sonstige Arbeitsmittel sind unbequem oder lassen sich nicht entsprechend ergonomisch einstellen.

- **Unfreundliches Arbeitsklima:** Es finden ständige Konflikte und Schuldzuweisungen statt.

- **Keine geregelten Pausen:** Viele Entwickler vergessen, während der Arbeit Pausen zu machen. Ununterbrochenes Arbeiten über mehrere Stunden ist da keine Seltenheit. Dies ist auf Dauer nicht nur schlecht für den Körper, sondern kann starken, unbewussten Stress erzeugen.

Äußere Stressoren (privates Umfeld):

- **Soziale Beziehungen:** Ärger mit Nachbarn oder im Bekanntenkreis.
- **Familiäre Situation:** Ärger und Konflikte in der Familie.
- **Wohnsituation:** Keine angenehme Wohnatmosphäre vorhanden oder Unzufriedenheit mit der aktuellen Wohnsituation.
- **Sonstiges Umfeld:** Freiberufliche Berater beispielsweise sind oft in Hotels unterwegs und wochenlang weg von zu Hause. Dieses Bewegen in fremden Umfeldern kann regelmäßig Stress erzeugen.

Innere Stressoren (immer personenbezogen):

- **Fehlendes Wissen oder fehlende Fähigkeiten zur Aufgabenlösung:** Oft wird mehr verlangt, als das Teammitglied sich zutraut.
- **Negative Erfahrungen mit Veränderungen:** Miterleben von gescheiterten Veränderungsprozessen.
- **Anspruchsniveau:** Menschen, die alles perfekt machen wollen, setzen sich unter Dauerdruck, da nichts im Leben perfekt ist. Hier sollte diesen Personen das Pareto-Prinzip (Abschnitt 13.3) nahegebracht werden.
- **Fehlendes Vertrauen in die eigenen Fähigkeiten:** „Das schaffe ich nie" oder „Ich kann das nicht" sind die gängigsten Aussagen, wenn sich jemand nicht zutraut, eine Aufgabe zu lösen.
- **Fehlender Einfluss auf die Arbeitssituation:** Das Gefühl, in seinem Jobumfeld keine Entwicklung anstoßen zu können.
- **Umgang mit Belastung:** Es ist sehr unterschiedlich, wie stark jemand physisch oder psychisch belastbar ist. Erfolgt eine Dauerbelastung, führt dies ebenfalls unweigerlich zu Stress.

11.6.2 Eustress und Distress

Es gibt zwei Kategorien von Stress: den **negativen Distress** und den **positiven Eustress**. Positiver Stress entsteht, wenn wir beispielsweise unverhofft ein tolles Geburtstagsgeschenk erhalten oder eine große Summe im Lotto gewinnen. Fakt ist aber, dass Eustress genauso schädlich für uns werden kann wie Distress, wenn er langfristig anhält.

In jedem privaten und beruflichen Bereich gibt es Eustress und Distress, egal ob die Stressoren von innen oder außen kommen (Bild 11.8). Wenn Eustress auftritt, kann dies anregend und motivierend sein, Distress hingegen ermüdet und demotiviert. Das Ergebnis sind auf der einen Seite loyale, motivierte Mitarbeiter und auf der anderen Seite demotivierte Personen. Auch die Fehlzeiten erhöhen sich dadurch auffällig.

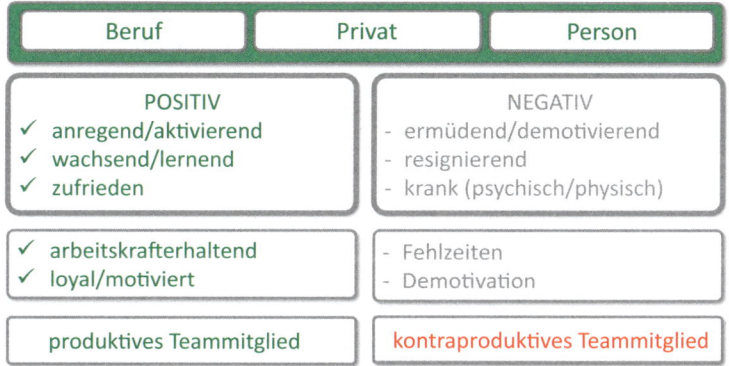

Bild 11.8 Auswirkungen von Stress auf die Produktivität

11.6.3 Das Zeitdilemma

In unserer modernen Gesellschaft schaffen viele Menschen in derselben Zeit mehr Arbeit als früher. Die Technik unterstützt uns dabei und nimmt uns viele Aufgaben ab. Trotzdem haben wir das Gefühl, weniger freie Zeit als früher zu haben. Warum ist das so?

Betrachten wir einmal die Unterschiede zwischen einem repräsentativen Lebensmodell des Mittelalters und einem der aktuellen Zeit.

- **Mittelalter (serielles Arbeiten):** Hier konnten Arbeiten von einer Person nur aufeinanderfolgend abgearbeitet werden. Die Hausfrau beispielsweise ging zum Fluss, um Wäsche zu waschen, danach wurde die Wäsche auf die Wäscheleine gehängt. Anschließend wurde am Markt eingekauft. Dann holte sie am Dorfbrunnen Wasser. Nachfolgend wurde zu Hause gekocht und dann nach dem Essen das Geschirr gewaschen.

- **Neuzeit (paralleles Arbeiten):** Während die Waschmaschine die Wäsche für uns wäscht, kocht der Hausmann Essen mit frischen Lebensmitteln, die schon seit gestern im Kühlschrank bereitliegen, und entnimmt dabei Wasser aus dem Wasserhahn. Nach dem Essen reinigt der Geschirrspüler das Geschirr, während die Wäsche im Trockner getrocknet wird.

Theoretisch sollte also unser Hausmann viel mehr Freizeit haben, da ihm viele seiner Tätigkeiten von der modernen Technik abgenommen werden und er somit mehrere Tätigkeiten gleichzeitig ausführen, oder ausführen lassen, kann. Trotzdem ist das Gefühl, keine Zeit mehr zu haben, immer präsent.

Ein Grund dafür ist unser modernes, beschleunigtes Leben. Vergleichen wir dazu einmal das Jahr 1980 mit dem Jahr 2020.

- **1980:** Actionfilme hatten eine viel „langsamere" Handlung, mit einigen wenigen Actionhöhepunkten und einem großen „Show-down" am Ende. Wir hatten Zeit, um stundenlang Zeitung zu lesen. Eine Recherche dauerte oft Tage, unter Nutzung von Bibliotheken, Telefonaten und persönlichen Gesprächen. Dabei mussten wir uns an Öffnungszeiten und die Verfügbarkeit der Gesprächspartner tagsüber halten. Wir waren in erster Linie per Festnetztelefon erreichbar. Waren wir nicht zu Hause, gab es den Anrufbeantworter für Nachrichten oder wir waren eben nicht erreichbar.

- **2020:** Actionfilme wurden rasend schnell, ein Effekt jagt den anderen, die schnellen Szenenwechsel erinnern oft an Musikvideosequenzen. Wir arbeiten eine Flut von News am Handy und Tablet per Apps ab. Recherche passiert per Google und in wenigen Minuten, rund um die Uhr. Erreichbarkeit ist permanent gegeben, dank Mobilnetztelefon, WhatsApp, Messenger und ähnlichen Diensten. Melden wir uns dabei nicht in kürzester Zeit auf Nachfragen, wird dies bereits als Rücksichtslosigkeit gewertet.

Eine Aufgabe jagt also die andere. Die Welt dreht sich schneller, wir mit ihr. Wir haben viel mehr Verpflichtungen als früher und das in kürzerer Zeit. Wir versuchen unsere als knapp empfundene Zeit effektiver zu nutzen und möglichst viele Aufgaben dort reinzupressen. Dinge mit liebevoller Sorgfalt in Ruhe zu beenden, ist bereits Luxus geworden.

11.6.4 Entschleunigung

Wie sieht nun die Lösung dieses Zeitdilemmas aus, dem unsere Nerven und unsere Gesundheit immer mehr zum Opfer fallen?

Stress haben wir nicht aufgrund der Menge von Aufgaben, sondern daher, wie wir mit der Aufgabenlösung umgehen. Wir sollten uns entschleunigen. Das bedeutet nicht, weniger zu tun, sondern es mit einer inneren Ruhe und Gelassenheit anzugehen. Diese Ruhe kommt aber immer von innen. Man kann sich nicht von außen entschleunigen lassen.

 Wie können wir Gelassenheit herstellen?

- **Gelassenheit kann nur von innen kommen,** nie von außen. Wir sind selber dafür verantwortlich, wie wir auf Aufgaben reagieren, hektisch und genervt oder gelassen und ruhig. Mehr als arbeiten kann man nun mal nicht. Wir erledigen eine Aufgabe, alles andere bleibt so lange liegen. Wenn wir vorher unsere Aufgaben priorisiert haben, werde wir ohnehin nur die unwichtigen liegen lassen, um sie eventuell später zu erledigen.

- **Hören wir auf unsere Gefühle,** die wollen uns was sagen! Wenn wir unser „Bauchgefühl" berücksichtigen, merken wir, was gut für uns ist.

- **Kognition durch Intuition ersetzen.** Nicht stur abarbeiten, sondern überlegen, wie Aufgaben einfacher und effektiver erledigt werden können.

- **Aufgaben akzeptieren und sich ihnen widmen:** Denken wir nicht an die noch vor uns liegenden Aufgaben, sondern befinden wir uns im aktuellen Zeitpunkt, indem wir uns ganz der aktuellen Aufgabe widmen. Solange wir diese abarbeiten, zählt nichts anderes.

- **Multitasking funktioniert nicht.** Jede Sache sollte in Ruhe und mit Gewissenhaftigkeit einzeln erledigt werden.

- **Wir machen nach jeder Arbeit eine kleine Pause,** um sie innerlich abzuhaken und den Kopf für die nächste Herausforderung freizubekommen. Auch diese kleinen Pausen erfordern volle Aufmerksamkeit. Denken wir in der Pause nicht an die bevorstehende Arbeit.

- **Wenn wir ein Thema vor uns herschieben,** haben wir noch keine Beziehung dazu aufgebaut. Die brauchen wir aber, um uns ihr voll und ganz widmen zu können. Daher: Thema visualisieren und der Intuition vertrauen. Unsere Intuition wird zur rechten Zeit eine Umsetzungsidee bereitstellen.

■ 11.7 Konfliktmanagement

Eine Erkenntnis ist für einen Scrum Master sehr wichtig: Er muss nicht jeden Konflikt lösen! Manche Konflikte sind sogar gut für das Team. Merken wir jedoch, dass die Leistung des Teams unter einem Konflikt leidet, ist es unsere Aufgabe, einzuschreiten.

Was bedeutet Konfliktmanagement?

Konfliktmanagement in unserem Kontext, also einem Berufsumfeld, wo Agilität und klassische Strukturen aufeinanderprallen, bedeutet eine Gesamtheit der Maßnahmen zur Lösung von persönlichen Konflikten zwischen verschiedenen Personen.

An folgenden zwei Punkten erkennen wir sehr gut, ob ein Konflikt schlecht für unser Team ist:

1. Die allgemeine Stimmung im Team verschlechtert sich.
2. Die Velocity der Sprints zeigt eine absteigende Tendenz.

Konflikt oder Diskussion? Die Meinung macht's!

Wenn zwei Parteien unterschiedlicher Meinung sind, jedoch offen für die Argumente des anderen, ergibt dies eine Diskussion. Es wird also von beiden erwogen, eventuell die eigene Meinung zu ändern.

Wenn zwei Parteien unterschiedlicher Meinung sind, jedoch in der Gewissheit, dass ihre Meinung die einzig richtige ist, kommt es zu einem Konflikt. Es wird auf keine andere Meinung Rücksicht genommen und man versucht, die eigene Meinung durchzusetzen.

11.7.1 Der Umgang mit Teamkonflikten

Der richtige Ort, um erkannte Konflikte an das gesamte Team zu adressieren, ist die Sprint-Retrospektive. Hier beschreiben wir unsere Beobachtung, am besten mittels „Feedback-modell" (Abschnitt 11.4.7), und fragen, wie wir gemeinsam damit umgehen wollen. Der Ball wird also ins Team gespielt und die Teamkollegen überlegen sich ein Vorgehen.

Es wird jedoch auch vorkommen, dass wir als Scrum Master merken, dass im Team Konflikte bestehen, über die niemand sprechen möchte oder die dem Team gar nicht bewusst sind. Solche unterschwelligen Themen bauen sich mit der Zeit immer mehr auf und schwächen das gesamte Scrum Team. Daher ist es wichtig, diese zu identifizieren und Gegenmaßnahmen abzuleiten. Dazu untersuchen wir folgende vier Konfliktfelder:

 Die vier Felder zur Untersuchung versteckter Konflikte

Wenn es versteckte Konflikte im Team gibt, sind diese immer in einem dieser vier Themenbereiche zu finden. Jeder Konflikt in einem der ersten drei Bereiche beeinflusst jedoch auch den vierten.

- **Ziele** *(„Was soll erreicht werden?")*: Wenn die Teammitglieder eine unterschiedliche Vorstellung von den gemeinsam zu erreichenden Zielen haben, führt dies unweigerlich zu Konflikten. Ob die gemeinsamen Ziele klar und bekannt sind, kann einfach abgefragt werden, indem jedes Teammitglied seine Sicht stichpunktartig aufschreibt und vorstellt. Danach werden die Ergebnisse abgestimmt, um nochmals eine klare Zielschärfung zu erreichen. Sollte hier jedoch alles in Ordnung sein, wende ich mich dem nächsten Untersuchungsfeld zu.

- **Prozesse & Kommunikation** *(„Wie arbeitet das Team?")*: Es ist wichtig, dass jeder im Team die gemeinsamen, internen Arbeitsprozesse kennt und auch die festgelegten Kommunikationswege. Auch hier kann das gemeinsame Verständnis geklärt werden, indem jeder seine Sicht darlegt und daraus gemeinsam definiert wird, wie das Team arbeiten soll. Sollte auch hier alles passen, untersuchen wir den nächsten Schwerpunkt.

- **Rollen & Verantwortungen** *(„Wer übernimmt was?")*: Hier betrachten wir, ob dem Team alle Rollen klar sind, also ob jeder weiß, welche Rolle im Team welche Lieferobjekte, Befugnisse und Verantwortungen hat. Ist hier auch alles klar, untersuchen wir das vierte Themenfeld.

- **Interaktionen & Beziehungen** *(„Wie gehen wir miteinander um?")*: Hier sollten wir die Beziehungen der Teammitglieder zueinander klären. Das kann durch einfache Fragetechniken geschehen, durch Aufstellungsarbeit oder Einzelgespräche.

11.7.2 Umgang mit schwierigen Personen

Egal ob cholerische Chefs, destruktive Teammitglieder oder meckernde Kunden. Jedem begegnen früher oder später schwierige Personen. Diese behindern uns oft, indem sie uns Zeit, Nerven und Energie rauben, die wir für Besseres nutzen könnten, als Konflikte auszutragen, deren Ausgang meistens zu noch mehr Konflikten und verhärteten Fronten führt. Dies kann unser emotionales Gleichgewicht aus der Bahn werfen und sogar unsere Lebensfreude mindern.

Was ist eine „schwierige Person"?

Eine „schwierige Person" ist jemand, der uns mit seinem Verhalten spontan überfordert. Uns fehlt in diesem Moment die soziale Kompetenz, angemessen zu reagieren, was in uns Stress auslöst (Abschnitt 11.6.1), der wiederum eine Abwehr- oder Rückzugsreaktion bewirkt.

Wir dürfen nicht vergessen, dass unter gewissen Bedingungen jeder Mensch schwierig werden kann. Die Auslöser sind natürlich von Person zu Person unterschiedlich und für uns oft nicht nachvollziehbar. Jeder hat nun einmal sein eigenes System (Abschnitt 11.8) mit seinen eigenen Belastungsgrenzen. Daher dürfen wir nie den Fehler machen, von uns auf andere zu schließen. Situationen, die wir gelassen sehen, können für andere Manschen wie ein rotes Tuch wirken und umgekehrt.

 Nicht unsere Realität ist die einzig wahre, nach der sich alle anderen zu richten haben. Es gibt so viele Lebensmodelle wie Menschen, wir dürfen nicht erwarten, dass unseres für alle Menschen gilt.

Wenn wir mit schwierigen Menschen souverän umgehen wollen, müssen wir zuerst für unsere eigene emotionale Stabilität und Selbstsicherheit sorgen. Sehen wir uns erst einmal an, warum Personen plötzlich „schwierig" werden können:

- **Überforderung:** Zu hoher Druck verändert uns. Wir reagieren dann so, wie wir unter „normalen Umständen" nicht reagiert hätten. Und dies erzeugt Konflikte, da Kollegen eine andere Reaktion auf eine bekannte Situation erwartet haben.
- **Unterschiedliche Ziele:** Wenn ein Teammitglied den Auftrag hat, seine Arbeit in der höchstmöglichen Qualität abzuliefern, sein Arbeitspartner jedoch den Auftrag möglichst schnell liefern soll, führt dies unweigerlich zu Konflikten. Beide wollen die Arbeit abliefern, aber haben verschiedene Ansprüche.
- **Verhaltensspiegelung:** Wenn jemand dauernd mit einem schwierigen Umfeld zu tun hat, übernimmt er früher oder später dieses Verhalten. Besteht ein Team oder eine Abteilung aus ständig nörgelnden, schwarzsehenden Mitgliedern, passt man sich unbewusst an und wird selber so ein schwieriger Zeitgenosse.

Diese Bedingungen können auch uns schwierig machen, darum ist es so wichtig, dass wir für unsere eigene emotionale Stabilität und Selbstsicherheit sorgen.

Wir sollten uns immer vor Augen halten, dass es in einem Konflikt immer eine Person gibt, die manipuliert („Konflikttäter"), und eine Person, die manipuliert wird („Konfliktopfer").

Wenn eine Person verbal-aggressiv auf uns zukommt und wir uns verteidigen oder selber verbal-aggressiv zurückschlagen, sind wir erst mal die Manipulierten, die andere Person der Manipulierer. Wir sollten uns in solchen Situationen immer fragen, ob wir für diese „Opferrolle" tatsächlich zur Verfügung stehen wollen.

Verständnis für den „Konflikttäter" aufbringen

Die Antwort auf die Frage „Wollen wir Konfliktopfer sein?" sollte „Nein" lauten und daher müssen wir aktiv und bewusst einen Schritt aus dieser Situation zurücktreten. Und dies können wir, indem wir versuchen, Verständnis für den Standpunkt des „Konflikttäters" aufzubringen.

Natürlich klingt das einfach, denn am liebsten würden wird diesen Querulanten ja „auf den Mond schießen". Wir sollten uns aber einiger Tatsachen bewusstwerden, ehe wir diese Person verurteilen:

- Zu einem Konflikt gehören immer zwei Personen. Einer, der ihn „anzettelt" (Täterrolle), und einer, der ihn zulässt (Opferrolle).

- Wir bewerten eine Situation oder einen Menschen oft ohne alle Fakten zu kennen oder diese berücksichtigt zu haben. Dadurch verfallen wir häufig in die Unart, Menschen, die nicht unserer Meinung sind, als „Querulanten", „Störenfriede" oder Ähnliches zu bezeichnen. Dabei vergessen wir, dass diese Person aus ihrer Sicht gute Gründe hat, sich so zu verhalten.

- Es ist immer so, dass eine Person Beweggründe für ihr Handeln hat. Diese Person möchte damit etwas erreichen. Und auch wenn es seltsam klingt, in dem Moment, wo dieser Mensch einen Konflikt anstößt, fühlt er sich gut.

- Selbst wenn wir jemanden verabscheuen für das, was er gerade tut, bleibt er doch ein Mensch mit seinen Sorgen und Nöten. Vielleicht ist diese Person zu Hause ein liebender Ehemann oder zieht zwei kleine Hunde groß oder macht sich Sorgen um seine Tochter, wenn sie abends zu lange ausbleibt.

Emotionalen Abstand gewinnen

Ich weiß, es ist schwer, einen Menschen von seinen Handlungen zu trennen. Aber das ist notwendig, um den entsprechenden emotionalen Abstand zu einer Situation zu bekommen. Wenn wir das schaffen, erweitern wir unsere Empathie und unser allgemeines Verständnis für Menschen.

Das bedeutet jedoch nicht, dass wir uns alles gefallen lassen, wenn wir jemandes Beweggründen verstehen oder zumindest akzeptieren. Auch wenn wir Vorgehensweisen anwenden, um einen Konflikt zu stoppen, weil wir uns oder unser Team schützen wollen, sollte immer das Verständnis für die Gegenseite vorhanden sein.

Nun ist Empathie gefragt, auch für Zeitgenossen, die wir so gar nicht mögen. Statt sie gleich als „Störenfriede" oder „Querulanten" abzustempeln, sollten wir uns fragen: „Was hat er denn persönlich davon? Was für ein Bedürfnis hat er in diesem Moment?"

Wenn wir diesem Bedürfnis auf den Grund gehen, werden wir merken, dass dies etwas ist, was viele Menschen haben. Anerkennung, Hilflosigkeit, Unterstützung oder das Gefühl, benötigt zu werden. Dies sind nur ein paar der Beweggründe.

Diese entstammen immer den persönlichen Werten dieses Menschen (Abschnitt 11.3). Der Konfliktauslöser bedient also die Werte dieser Person. Da wir die Werte oft nicht kennen, missverstehen wir dieses Bemühen und die Person „eckt bei uns an".

Daher sollten wir zuerst einmal Verständnis, oder zumindest Nachsicht, für den Konflikttäter aufbringen. Wenn wir von der Annahme ausgehen, er hat seine guten Gründe, die wir erst mal nicht verstehen, nimmt dies schon etwas Druck von uns. Denn das Problem liegt nicht bei der Person, sondern bei uns. Wir haben keine angemessene Reaktion auf den Angriff des Konflikttäters. Unser Unvermögen ist es, was uns zum „Konfliktopfer" macht.

Resilienzentwicklung

Es ist also wichtig, uns unserer eigenen Bedürfnisse und Grenzen auf Basis unserer Werte (Abschnitt 11.3.2) bewusst zu sein und diese auch zu vertreten. Andere Personen können wir nicht ändern, außer sie wollen das, aber wir können uns ändern und weiterentwickeln. Und damit ändern wir auch den ganzen Kontext, unser System (Abschnitt 11.8), in dem der Konflikt stattfindet.

Was bedeutet Resilienz?

Resilienz ist die innere Stärke und seelischen Widerstandskraft, in schwierigen Situationen einen kühlen Kopf zu behalten.

Dazu ist jedoch Arbeit an uns selbst notwendig. Im ersten Schritt werden wir uns klar, wie wichtig es uns ist, in Konflikten nicht das Konfliktopfer zu sein, und wie dringend wir etwas dagegen machen wollen. Es besteht ja noch die Möglichkeit, das Problem an Kollegen oder Vorgesetzte zu delegieren, den Konfliktpartner einfach zu ignorieren und ihm aus dem Weg zu gehen, sich Verbündete zu holen und gegen den Konfliktpartner Intrigen zu schmieden.

Zugegeben, dies sind Methoden, die eines guten Scrum Masters nicht würdig sind. Aber viele Menschen wählen solche Wege, weil sie bequem sind und sie dadurch ihre Komfortzone nicht verlassen und sich so nicht weiterentwickeln müssen. Diese Personen sind aber dann keine Hilfe bei der Unterstützung für eine Weiterentwicklung eines Teams.

Ich gehe davon aus, dass wir uns weiterentwickeln möchten. Daher hier eine kleine Übung:

Kennenlernen der eigenen Entwicklungsbereitschaft

- Stellen wir uns eine bestimmte Person vor. Das sollte ein Kollege oder Vorgesetzter sein, den wir als „schwierig" erachten.
- Versetzen wir uns nun gedanklich in eine Konfliktsituation mit dieser Person.
- Wir überlegen nun alle Möglichkeiten, die uns einfallen, um einen Konflikt zu entschärfen. Wir schreiben jede diese Lösungsvorschläge auf.
- Nun notieren wir für jeden der Lösungsvorschläge auf einer Skala von eins bis acht, wobei „eins" gar nicht und acht „total" ist, wo unser Wille liegt, uns zu verändern, um diesen Punkt zu nutzen und einzusetzen. Eines

> dürfen wir nicht vergessen: Wir müssen unser Verhalten ändern, damit sich etwas ändert.
>
> - Wenn wir nun unsere sechs persönlichen Werte (Abschnitt 11.3.2) den Skalen der Lösungsvorschläge gegenüberstellen, werden wir verstehen, warum bei manchen eine hohe und bei anderen eine niedrige Punktezahl stehen.

Wichtig ist es, zu verstehen, was uns zu unserer Entscheidung antreibt, egal wie diese aussieht. Welche Bedürfnisse verstecken sich dahinter? Wenn wir unsere Werte kennen, wird uns das die Augen öffnen.

Erst wenn wir erkennen, was uns fehlt im Konflikt mit einem anderen Menschen, können wir daran arbeiten, es zu bekommen. Dazu die zweite Übung:

 Erkennen, was in der Konfliktbeziehung fehlt

- Nun überlegen wir, wie die perfekte Beziehung zu unserem Konfliktpartner aus Teil 1 der Übung aussehen könnte. Wir malen uns aus, wie wir im Idealfall miteinander umgehen, wie sich das anfühlt und welche unserer Bedürfnisse und Werte dabei bedient werden.
- Nun versetzen wir uns wieder in einen Konflikt mit dieser Person und achten darauf, wie sich das anfühlt und spüren nach, gegen welche unserer Werte dabei verstoßen wird.
- Als nächsten Schritt denken wir nach, was es dazu braucht, so mit der Person umgehen zu können, dass eine perfekte Beziehung entsteht.

Anbei noch ein paar Tipps, um mit Konflikten etwas einfacher umgehen zu können:

- **Positiv bleiben.** Auch wenn die Situation verfahren scheint und der Konfliktgegner übermächtig erscheint.
- **Dinge akzeptieren, wie sie sind, aber ohne Wertung.** Es ist erst mal, wie es ist. Punkt.
- **Nach Lösungen suchen.** Es gibt immer eine Lösung, aus der alle Parteien zufrieden aus einem Konflikt gehen, sie muss nur gemeinsam gefunden werden.
- **Selbstbestimmung.** Ich alleine bestimme, wie es weitergeht. Ich muss mich nicht von der schlechten Laune oder den Angriffen meines Gegenübers runterziehen lassen.
- **Humor.** Oft hilft es, Situationen mit Humor zu betrachten. Ich vergleiche beispielsweise einen cholerisch herumwütenden Manager mit Homer Simpson, wenn er seinen Sohn Bart würgt.
- **Komplizenschaft.** Sehen wir doch in einem vermeintlichen Gegner jemanden, der Bedürfnisse hat. Wir signalisieren ihm, dass wir ihm helfen wollen, diese auch zu bekommen, soweit es nicht unsere emotionalen oder persönlichen Grenzen überschreitet.
- **Kontrolle behalten.** Wir dürfen uns nicht gefühlsmäßig mitreißen lassen, sondern sollten sachlich bleiben. Sobald sich der Konflikt auf eine emotionale und persönliche Ebene

begibt, muss dies sofort transparent gemacht werden, mit der klaren Aussage, dass wir da nicht mitmachen werden.

- **Katastrophenfrage.** Wenn alles nichts hilft, fragen wir uns, was das Schlimmste ist, was nun passieren kann. Und wenn wir uns diese Frage beantwortet haben, fragen wir uns ehrlich, wie wahrscheinlich es ist, dass dies auch eintritt. Die Antwort wird uns sehr entlasten.

- **Beziehungen pflegen.** Es ist wichtig, Beziehungen zu seinem Partner, Freunden oder Kollegen zu pflegen. Diese geben uns Energie und lassen uns Konfliktsituationen auch besser aushalten (Resilienzsteigerung).

Konfliktnachbearbeitung

Ich empfehle immer eine Nachbetrachtung eines Konflikts, egal wie er ausgeht. Dabei stelle ich mir selber folgende Fragen und beantworte diese auch ehrlich:

- Was kann ich persönlich daraus lernen?
- Welche Kompetenzen habe ich bewusst eingesetzt?
- Welche meiner Kompetenzen kamen zu kurz und wo habe ich dadurch noch Entwicklungsbedarf?
- Wie habe ich es geschafft Ruhe zu bewahren und wenn nicht, was braucht es dafür für das nächste Mal?
- Was kann ich tun, um in Zukunft mit solch einem Problem schneller und effektiver umgehen zu können?

Noch ein kleiner Tipp: Ehe ich in ein (geplantes) Konfliktgespräch gehe, erinnere ich mich an Erfolge, die ich in letzter Zeit gehabt habe. Das kann ein toller Workshop gewesen sein, den ich für mein Team abgehalten habe, oder eine erfolgreiche Coaching-Session mit einem Manager. Mit diesem „Gefühl der eigenen Wertigkeit" lassen sich viele Situationen dann in der Konfliktsituation besser aushalten. Das steigert die persönliche Resilienz.

Für das Konfliktmanagement und den Umgang mit schwierigen Personen gibt es leider kein Patentrezept. Fakt ist jedoch, dass, wenn wir uns selber ändern, sich auch die Situation entspannen kann.

Es ist also wichtig, dass wir Resilienz entwickeln, unsere Werte kennen und auch die „Trigger", die irrationales Handeln bei uns auslösen. Das sind in der Regel starke Verstöße gegen einen oder mehrere unserer Werte. Diese werden oft noch verstärkt durch Erlebnisse aus unserer Vergangenheit, die wir unbewusst noch mit uns herumschleppen.

Der Umgang mit schwierigen Teammitgliedern

Im Umgang mit schwierigen Teammitgliedern haben wir, anders als bei Personen, zu denen wir nicht so ein Nahverhältnis haben, die Chance, in Einzelgesprächen den Problemen auf den Grund zu gehen.

Dazu ist es notwendig, der Person mitzuteilen, was wir wahrgenommen haben, wie es uns dabei geht und was wir gerne anders haben möchten. Wir arbeiten also mit „Ich-Botschaften" und erklären nicht, was der andere gemacht hat und was er ändern soll. Denn dies stößt in der Regel auf Widerstand. Druck erzeugt leider immer Gegendruck.

Vielmehr sollten wir die Person so abholen, dass sie versteht (und im Idealfall mitfühlt), was in uns vorgeht und warum wir einen Leidensdruck aufgebaut haben, der hoch genug ist, dass wir ihn ändern wollen. Das bedeutet: Wir sollten unserem Gegenüber offen sagen, was sein Verhalten in uns auslöst, was es mit uns macht, klar zu kommunizieren, was wir uns wünschen und wie wir das gemeinsam umsetzen könnten. Dazu kann das Feedbackmodell (Abschnitt 11.4.7) sehr gut genutzt werden.

Oft haben wir aber gar nicht die Möglichkeit, der Person, aufgrund ihrer hohen Konflikt-energie, die sie gerade verbreitet, in Ruhe zu erklären, wie es uns geht. Daher müssen wir zuerst diese Energie ableiten und unser Gegenüber wieder „auf den Boden holen".

Dazu gibt es verschiedene Methoden. Ich nutze auch dafür gerne das Feedbackmodell (Abschnitt 11.4.7). Dieses besteht ja aus drei Schritten:

1. Daten und Fakten spiegeln
2. Kommunizieren, was wir daraus ableiten
3. Wunsch aussprechen

Ein Beispiel für die Anwendung könnte dann so aussehen: Ein hochrangiger Manager geht aggressiv und mit verbalen Attacken in eine Diskussion mit uns. Nun ist es wichtig, dass wir ruhig bleiben und die Person ausreden lassen. Ich weiß, das ist nicht einfach. In einer Situation, in der uns jemand anschreit und mit aggressiver Körpersprache Druck auf uns ausübt, wollen wir uns wehren oder zurückziehen.

Wenn wir frühzeitig Gegendruck erzeugen würden, indem wir unser Gegenüber unterbre-chen oder ihm widersprechen, wird dieser noch mehr Energie in seine Attacken investieren und die Auflösung der Situation noch schwieriger. Unser Ziel ist es ja, die Situation durch Ablassen der emotionalen Energie zu entspannen und nicht noch mehr zu verschärfen.

Nun ist es wichtig, dass wir diese Angriffe erst mal aushalten und äußerlich ruhig bleiben. Danach beginnen wir in die erste Schleife unseres Feedbackmodells zu gehen:

In aller Ruhe erklären wir, was wir soeben wahrgenommen haben (Stufe 1). Wichtig dabei ist, dass wir noch nicht in eine Wertung gehen (Stufe 2). Das könnte in etwa so aussehen:

> „Ich habe gerade wahrgenommen, dass Sie mit lauter Stimme unflätige Wörter benutzt haben, um Ihren Stuhl herumsprangen und dabei die Fäuste geballt haben."

Wir müssen dabei unbedingt darauf achten, nicht versehentlich in Schritt 2 zu kommen, also eine Wertung abzugeben. Das wären Aussagen wie „Ich sehe, dass Sie wütend sind", „Sie ärgern sich über …" oder „Ich mache Sie wohl aggressiv.".

Dies ist nicht einfach, weil wir gewohnt sind, unbewusst sofort eine Situation einzuschätzen und zu bewerten. Wenn wir eine Einschätzung abgeben, ohne vorher die Fakten aufzuzäh-len, um unserem Gegenüber transparent zu machen, warum wir zu einem Schluss gekom-men sind, stoßen wir sofort auf Widerstand, wenn wir damit falsch liegen.

Daher ist es so wichtig, zuerst die Fakten aufzuzählen und erst im zweiten Schritt zu werten. Das könnte dann so aussehen:

„Ich habe gerade wahrgenommen, dass Sie mit lauter Stimme unflätige Wörter benutzt haben, um Ihren Stuhl herumsprangen und dabei die Fäuste geballt haben. Ich schließe nun daraus – bitte berichtigen Sie mich, wenn ich mich irre –, dass mein Verhalten oder etwas, was ich gesagt habe, Sie sehr aufgebracht haben muss."

Mit dieser Aussage habe ich nicht nur erklärt, warum ich zu dem soeben gezogenen Schluss gekommen bin, wodurch ein Irrtum meinerseits leichter nachzuvollziehen ist, sondern auch indirekt zugegeben, dass ich mich auch irren kann („… berichtigen Sie mich, wenn …"). Damit baue ich im Vorhinein eventuellen Widerstand ab, wenn ich falsch liegen sollte.

Nun kommt noch Stufe 3, der Wunsch. Das könnte dann alles so aussehen:

„Ich habe gerade wahrgenommen, dass Sie mit lauter Stimme unflätige Wörter benutzt haben, um Ihren Stuhl herumsprangen und dabei die Fäuste geballt haben. Ich schließe nun daraus – bitte berichtigen Sie mich, wenn ich mich irre –, dass mein Verhalten oder etwas, was ich gesagt habe, Sie sehr aufgebracht haben muss. Ich wünsche mir jetzt, im Sinne unseres Weiterkommens bei diesem Meeting, dass wir unsere Diskussion mit weniger Emotionen fortsetzen und uns mehr auf die Faktenlage konzentrieren."

Wenn wir in dieser Feedbackschleife bleiben, sollten wir entspannt wirken und mit freundlichem Ton und offener Körperhaltung sprechen, im Idealfall sitzen wir dabei, das fällt leichter.

Nun gibt es in der Regel zwei Reaktionen, die von unserem Diskussionspartner kommen können:

- Er beruhigt sich wieder, die Emotionen „verpuffen".
- Er wird noch emotionaler und aggressiver als vorher.

Wenn wir die erste Reaktion mit unserem Feedback erreicht haben, dann ist das gut. Die Emotionen sind weg und wir können uns wieder auf einer Ebene der Tatsachen, Fakten und Daten bewegen, die nicht durch Gefühle verfälscht werden.

Sollte sich unser Gegenüber jedoch noch mehr aufregen, dann ist es wichtig, wieder in die Feedbackschleife zu gehen und das ganze Spiel von vorne zu beginnen. Das könnte dann in etwa so aussehen:

„Ich nehme wahr, dass Sie nun noch lauter schreien, noch unflätigere Wörter benutzen, Ihren Stuhl umgeschmissen haben und immer noch Ihre Fäuste ballen. Ich schließe daraus – bitte berichtigen Sie mich, wenn ich mich irre –, dass mein Verhalten oder etwas, was ich gesagt habe, Sie nun noch mehr aufgebracht hat. Ich wünsche mir, dass wir unsere Diskussion nun mehr auf die Faktenlage konzentrieren."

Auch hier sollten wir die Reaktion unseres Gegenübers abwarten und dabei nach außen ruhig und gelassen wirken. Spätestens jetzt werden sich bei den anderen Teilnehmern des Meetings bereits erste Reaktionen auf die Situation zeigen. Einige werden vielleicht die Person ermahnen, nun endlich ruhiger zu werden, es gibt vielleicht auch jemanden, der missbilligend den Kopf schüttelt, und ein anderer grinst vielleicht belustigt in den Raum.

Oft merkt unser Gegenüber dann, wie unprofessionell er sich verhält und fährt langsam seinen Emotionspegel runter. Sollte dies nicht geschehen, empfehle ich die Feedbackschleife noch einmal zu wiederholen. Spätestens danach wird die negative Energie verpuffen oder unser Konfliktpartner aufspringen und wütend die Veranstaltung verlassen.

Beide Ergebnisse sind gut, denn sie entspannen die Situation schlagartig. Und als Moderator sind wir auf der sicheren Seite, da wir weder beleidigend noch irreal gehandelt, sondern bestimmt und höflich auf der Basis von Fakten agiert haben.

■ 11.8 Systemisches Coaching

Eine systemische Ausbildung kann zwischen sechs Monaten und drei Jahren dauern, je nach Tiefe und Richtung der Ausbildung. Ich erkläre nun kurz, um was es bei der Systemik geht und welche Teile wir davon einfach und sinnvoll als Scrum Master einsetzen können.

11.8.1 Was ist Systemik?

Der systemische Ansatz ist eine spezielle Art, die Wirklichkeit zu sehen. Dabei wird der Blick von einer linearen Betrachtungsweise auf eine ganzheitliche Sicht gelenkt. Anstatt nur Ausschnitte einer Situation isoliert zu betrachten, wird die Gesamtsituation mit allen ihren komplexen Zusammenhängen und Wechselwirkungen berücksichtigt.

Der Ansatz kommt aus der Familientherapie. Wenn ein Kind sich ungewöhnlich verhält, wird nicht nur der isolierte Blick auf das Verhalten des Kinds betrachtet, sondern auch das Verhalten der Eltern, Geschwister, Mitschüler, also das gesamte Umfeld, „System" genannt. Wenn sich das Umfeld anders verhalten würde, würde sich auch das Kind anders verhalten.

Jedes System, egal ob in Chemie, Physik oder Psychologie, hat den Drang, sich vom unsortierten Chaos in eine Stabilität zu begeben. Und wir alle leben in unserem eigenen System. Das ist beispielsweise der tägliche Weg zur Arbeit, der Ort, wo wir regelmäßig einkaufen, das Fitnesscenter in das wir gehen, der Weg zur Wohnung unseres besten Freunds, der Weg zu den Eltern und so weiter.

Jede dieser Personen (der Trainer im Fitnesscenter, unsere Eltern, die Kassiererin in unserem Stammsupermarkt) hat wiederum ihr eigenes System, also ihre eigene Wirklichkeit. Und all diese Systeme hängen zusammen und beeinflussen sich gegenseitig.

Wenn wir nur einen Parameter in unserem eigenen System ändern, herrscht kurzzeitig Chaos, ehe sich das System nach einer gewissen Zeit wieder stabilisiert. Und dies beeinflusst auch alle anderen angrenzenden Systeme.

Ein Beispiel

Wenn ich mir eine neue Wohnung suche, die fünf Kilometer von meiner bisherigen entfernt ist, ändert dies mein ganzes System. Ich muss sehen, was der beste Weg in die Arbeit sein wird, ich werde in einem anderen Laden einkaufen, der näher an meiner neuen Wohnung liegt, eventuell werde ich auch das Fitnesscenter wechseln. Erst mal ist alles sehr durcheinander (Chaos), aber nach einer gewissen Zeit habe ich meinen neuen Lieblingssupermarkt gefunden und der Weg zur Arbeit ist auch klar. Das System hat sich wieder stabilisiert.

Das wirkt sich natürlich auch auf die Systeme aus, die bisher an mein System grenzten. Ich sehe die Kassiererin meines ehemaligen Stammsupermarkts nicht mehr, nutze andere Straßen auf dem Weg zur Arbeit, was wiederum neue Systeme beeinflussen kann und so weiter.

Wir betrachten in der Systemik also nicht nur die eine Änderung in unserem System, sondern auch die Aus- und vor allem Wechselwirkungen auf unser Umfeld, die anderen Systeme. Das hat den Vorteil, dass kleine Änderungen in meinem System oft große Wirkungen in anderen Systemen auslösen können. Und wir wissen ja nun: Nur wenn ich mich ändere, kann ich etwas ändern.

11.8.2 Was bedeutet Coaching?

 Die Definition von Coaching

Die Definition von Coaching gemäß der „Europäischen Coaching Vereinigung (ECA)":

„Klientenzentriertes professionelles Coaching ist lösungs-, potenzial- und zielorientierte, gleichberechtigte und partnerschaftliche Beratung und Begleitung, unter Berücksichtigung der persönlich zu entwickelnden Fähigkeiten und Ziele des Klienten."

Die Rolle des Coaches grenzt sich deutlich von der Rolle des Trainers, Mentors oder Beraters (Abschnitt 4.4). Der Coach begleitet den Klienten („Coachee") bei der Findung seiner persönlichen Lösung für ein Problem („prozessorientiert"). Dies wird durch den Einsatz von speziellen Fragetechniken und unter Einsatz von Coaching-Tools ermöglicht. Dadurch, dass die Lösung vom Klienten kommt, ist der Erfolg der Umsetzung sehr hoch, im Gegensatz zu Lösungen, die „von außen" kommen, beispielsweise von Beratern, die Lösungen vorschlagen.

Coaching kann bei der Findung von Lösungen für viele Probleme helfen. Das können Impulse für Veränderungen sein, Klarheitsfindung zu einem Thema, Motivationen zu aktivieren, ein Thema endlich anzupacken, positiven Umgang mit Stress entwickeln („Resilienzsteigerung"), besseren Umgang mit schwierigen Teammitgliedern lernen oder einfach ein Entlastungsgespräch in schweren Zeiten.

Der Begriff „Coach" kommt ursprünglich aus dem ungarischen Sprachgebrauch und bedeute „Kutsche", also ein Gefährt, das jemanden vom aktuellen Ort zu einem entfernten Ziel bringt.

Ausgebildete Coaches haben einen Kodex bzw. ein Regelwerk, an das sie sich halten:

- Klar definierte Zielsetzung
- Klarer Zeitrahmen
- Freiwillige Verschwiegenheitsverpflichtung
- Der Klient bestimmt die Inhalte, der Coach leitet den Rahmen („Prozess")
- Eigenverantwortung des Klienten
- Störungsfreies Setting im Coaching
- Freiwilligkeit des Klienten
- Zielorientierung, weg von der Problemzentrierung

Der Ablauf einer Coachingsitzung folgt in etwa folgendem Schema:

- **Beratung und Vereinbarung:** Der Coach bespricht mit dem Klienten, was möglich ist, und vereinbart ein übergeordnetes Ziel. Ein ungefährer Zeithorizont sowie Anzahl und Zeitaufwand der Sitzungen, wird vereinbart.
- **Zielschärfung:** Nun wird der Soll-Zustand festgelegt, also was genau am Ende der Sitzung(en) erreicht werden soll.
- **Aufnahme aktueller Stand:** Als Nächstes wird der aktuelle Ist-Zustand festgestellt („Anamnese").
- **Umsetzungsphase:** Nun geht es in die Intervention. Hier arbeitet der Coach mit dem Klienten an der Lösung.
- **Evaluierungsphase:** Der Coach wertet aus, was sich bereits geändert hat.
- **Feedback:** Der Client berichtet, wie es ihm geht und was sich bereits verändert hat.
- **Abschluss:** Festlegung des weiteren Vorgehens.

Das Besondere beim Coaching ist, dass der Klient unbewusst schon die Lösung seines Problems kennt, dieses Wissen ihm jedoch noch fehlt. Der Coach hilft nun, die Problemlösung „zu Tage zu bringen". Dadurch, dass die Lösung aus dem Unterbewusstsein des Klienten kommt und dieses genau weiß, was für ihn möglich ist, ist die Lösung verhältnismäßig und auch erfolgreich umsetzbar.

11.8.3 Systemische Fragen

Als Coach stellt man in erster Linie viele Fragen. Es gibt unzählige Bücher und Ratgeber zu Coachingfragen. Die Idee hinter systemischen Fragen ist, ins Detail zu gehen und Dinge fertig durchzudenken, damit der Klient lösungsorientiert agieren kann. Ich stelle hier einige Fragekategorien vor:

- **Musterfragen:** Der Klient bewegt sich oft „im Kreis", er hat gewisse Muster, die dafür sorgen, dass er immer wieder denselben Fehler macht. Um diese Muster zu finden, anbei ein paar Fragen:

  - Wie reagieren Sie in dieser Situation normalerweise?
  - Wie fühlt sich diese Situation an?
  - Was denken Sie in dieser Situation?
  - Wie haben Sie sich vor dieser Situation verhalten?
  - Wie haben Sie sich nach dieser Situation verhalten?

- **Diskrepanzfragen:** Diese Art von Fragen dient dazu, ein Problem besser zu verstehen, indem wir Fragen zur Differenzierung stellen:

  - Auf einer Skala von 1 bis 10, wobei 1 „gar nicht" und 10 „total" bedeutet, wo würden Sie das Problem aktuell einordnen?
  - Wer außer Ihnen ist noch an dieser Situation beteiligt?
  - Was ist gegenüber anderen Situationen anders?
  - Gibt es Situationen, in denen das Problem stärker auftritt?
  - Gibt es Situationen, in denen das Problem schwächer auftritt?

Die „Skala von 1 bis 10"-Frage nutze ich auch, um die Situation oder die Stimmung des Klienten jeweils vor und nach dem Coaching abzufragen.

- **Zielorientierungsfragen:**

  - Was wäre eine gute Lösung, um das Problem zu lösen?
  - Was könnte Sie dabei unterstützen?
  - Wer könnte Sie dabei unterstützen?

- **Wunderfrage:** Ich nutze diese sehr oft und gerne, damit der Coachee sich ein „Zukunftsbild mit Sogwirkung" konstruieren kann. Dies hat die Wirkung einer guten Projekt- oder Produktvision (Abschnitt 8.3). Ein Beispiel dazu:

 Beispiel einer „Wunderfrage"

Wir haben eine Coachingsitzung mit Herrn Müller. Er sucht einen neuen Job, weiß aber noch nicht, in welche Richtung er sich orientieren soll. Er würde gerne den perfekt zu ihm passenden Job finden.

Um die entsprechenden Gedankengänge anzustoßen, stelle ich nun die „Wunderfrage": „Herr Müller, stellen Sie sich vor, Sie gehen abends ins Bett und während Sie schlafen, kommt die gute Fee und erfüllt Ihnen Ihren Wunsch, den perfekten Job. Leider haben Sie, weil Sie ja geschlafen haben, nicht mitbekommen, dass in der Nacht die gute Fee da war und Ihnen diesen Wunsch erfüllt hat. Wenn Sie morgens aufstehen, woran würden Sie merken, dass Sie nun den perfekten Job haben?"

Die „Wunderfrage" kann so adaptiert werden, dass sie mit allen Problemstellungen genutzt wird („Woran würden Sie als Erstes bemerken, dass Sie reich sind?", „Woran würden Sie als Erstes bemerken, dass Ihr Chef Ihre Arbeit nun würdigt?", „Woran würden Sie als Erstes bemerken, dass Ihr Team plötzlich superagil ist" etc.).

- **Verhaltensänderungsfragen:** Bei dieser Art von Fragen geht es darum, aus einer festgefahrenen Situation herauszukommen:
  - Wie könnten Sie sich verhalten, damit sich etwas ändert?
  - Was tragen Sie denn selber bei, dass diese Situation so schwierig ist?
  - Was haben Sie in erfolgreichen Situationen getan, was Sie hier nicht getan haben?
- **Gegenteilbildung:** Durch Übertreibung und Gegenteilbildung kann die Situation oft auch klarer für den Klienten werden:
  - Was könnten Sie machen, damit das Problem für alle so richtig, richtig unerträglich wird?
  - Was müssten Sie machen, damit Sie Ihr Ziel auf keinen Fall erreichen?

Dies waren nun nur ein paar wenige Fragetypen, aber mit diesen können wir schon gut arbeiten, um das Denken des Klienten in andere Bahnen zu lenken. Die Fragetechniken helfen genauso gut bei Gesprächen mit Teammitgliedern oder im Konfliktmanagement.

11.8.4 Das Setting

Die Chemie zwischen Coach und Coachee sollte stimmen. In der Sitzung werden oft sehr persönliche Themen besprochen und es wird ein großer, geschützter Vertrauensraum aufgebaut. Das klappt nicht, wenn der Coach dem Klienten unsympathisch ist. Andersrum gibt es da weniger Probleme, da der Coach aufgrund seiner Ausbildung gelernt hat, persönliche Befindlichkeiten zurückzustellen.

Der Raum, in dem die Coachingsitzung stattfindet, sollte ruhig, angenehm temperiert und gemütlich sein, jedoch nicht zu überladen, damit es keine Ablenkungen für den Klienten gibt. Wichtig ist, dass ein störungsfreies, vertrauliches Gespräch möglich ist.

Idealerweise sitzen sich die beiden Teilnehmer nicht gegenüber. Der Coach sitzt in einem Winkel von etwa 140 oder 240 Grad schräg neben dem Coachee (Bild 11.9). Es besteht auch die Möglichkeit, während eines Spaziergangs eine Coachingsitzung durchzuführen. Der Vorteil dabei ist, dass beide in dieselbe Richtung blicken, sie gehen also symbolisch gemeinsam den Weg in Richtung Ziel. Der Nachteil dabei: Oft ist ein ruhiges und vertrauliches Gespräch in der Öffentlichkeit nicht möglich.

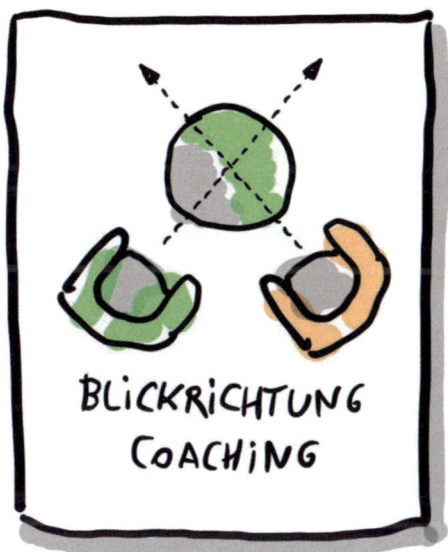

Bild 11.9 Das Setting beim Coaching: Coach und Coachee sitzen schräg nebeneinander.

■ 11.9 Agile Führung

In den letzten Jahrzehnten hat sich ein festes Führungsbild, basierend auf dem „command-and-control"- Vorgehen, etabliert. Aber der agile Wandel macht selbst vor Führungskräften nicht Halt. Daher ist es unerlässlich, dass auch Manager und Vorgesetzte sich mit der Thematik auseinandersetzen. Unsere Aufgabe als Scrum Master ist es, diese Entwicklung aktiv zu unterstützen. Was das nun bedeutet, wie wir dabei vorgehen können und welche Auswirkungen diese Veränderungen auf das Berufsbild der Führungskraft haben, wird in diesem Abschnitt beschrieben.

■ 11.10 Was bedeutet Führung?

Als Führungskraft (Manager) ist man verantwortlich dafür, dass die Mitarbeiter die Möglichkeit haben, ihre Arbeit möglichst ungestört durchführen zu können. Als Vorgesetzter ist es eine der Hauptaufgaben, Hindernisse für sein Team aus dem Weg zu räumen, sich hinter sein Team zu stellen und ihm den Rücken zu stärken oder, wenn Mitglieder des Teams angegriffen werden, sich auch mal schützend vor das Team zu stellen.

Definition von Führung

Moderne Führung stellt eine Managementfunktion dar, die der ziel- und ergebnisorientierten Verhaltensbeeinflussung von Mitarbeiterinnen und Mitarbeitern in und mit einer strukturierten Arbeitssituation dient.

Leider haben viele Manager, die ich im Lauf meines Berufslebens kennengelernt und begleitet habe, nie gelernt, eine Führungskraft zu sein. Sie wurden oft aufgrund guter Leistungen als Mitarbeiter oder jahrelanger Zugehörigkeit zum Konzern in eine Führungsposition befördert.

Dass (Menschen-)Führung aber überhaupt nichts damit zu tun hat, ob jemand vorher in der Produktion, der Buchhaltung oder im Sekretariat gute Leistungen erbracht hat, dürfte vielen Firmen noch nicht klar sein.

Natürlich gibt es auch positive Gegenbeispiele. Ich habe bei meinen großen Kunden in der Automotive-Branche erlebt, dass im Haus eigene „Führungskräfteakademien" gegründet wurden, um neue Führungskräfte entsprechend auszubilden und zusätzlich auf die Firmeneigenheiten vorzubereiten.

11.10.1 Managementführungsstile

Jede Führungskraft hat einen eigenen Führungsstil, den sie meistens unbewusst praktiziert. Es ist jedoch wichtig, dass wir als Scrum Master diesen erkennen, um zu sehen wo auf der „Agilitätsskala" sich dieser Manager befindet. Dadurch lassen sich Ansatzpunkte für eine Unterstützung in Richtung agilerem Führungsstil ableiten.

Managementführungsstile lassen sich einfacher nach dem siebenstufigen Modell des Führungskontinuums von Tannenbaum/Schmidt [TanSchm1958] erklären. Hierbei wird der primäre Führungsstil von Managern in sieben Kategorien eingeteilt (Bild 11.10):

- **Autoritär:** Die Führungsperson entscheidet alleine ohne Konsultation der Mitarbeiter.
- **Patriarchisch:** Die Führungskraft entscheidet alleine, ist aber bestrebt, die Mitarbeiter von ihrer Entscheidung zu überzeugen, bevor sie die Anordnung trifft. Sie „verkauft" sozusagen die Entscheidung.
- **Beratend:** Die Führungsperson entscheidet alleine, gestattet jedoch Fragen zu den Entscheidungen, um durch deren Beantwortung eine bessere Akzeptanz zu erlangen.
- **Kooperativ:** Die Führungskraft informiert über ihre voraussichtliche Entscheidung. Die Mitarbeiter haben die Möglichkeit, ihre Meinung zu äußern, ehe die Führungskraft ihre endgültige Entscheidung trifft.
- **Partizipativ:** Die Führungsperson entscheidet aufgrund der von den Mitarbeitern erstellten Lösungsvorschläge und Empfehlungen.
- **Delegativ:** Die Führungskraft zeigt das Problem auf und legt den Handlungsspielraum fest. Die Entscheidungsgewalt überträgt sie den Mitarbeitern.
- **Demokratisch:** Die Führungsperson koordiniert lediglich nach innen und außen, die Mitarbeiter entscheiden autonom.

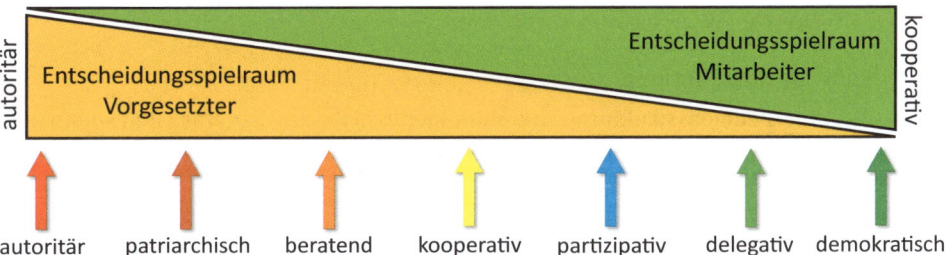

Bild 11.10 Sieben Führungsstile (nach Tannenbaum/Schmidt)

Je weiter links in der Grafik ein Führungsstil ist, desto autoritärer wird er geführt. Je weiter rechts ein Führungsstil angesiedelt ist, desto agiler wird die ganze Sache (Bild 11.10). Unser Bestreben als Scrum Master sollte es sein, Vorgesetzte und Führungskräfte dahingehend zu unterstützen, dass sie sich immer mehr in Richtung „rechte Seite", also agiler Führungsstil, entwickeln.

Aus Erfahrung habe ich gelernt, dass je weiter links auf der Skala sich ein Führungsstil befindet, desto mehr Konfliktpotenzial ergibt sich bei der Einführung von Agilität und Scrum.

Als Scrum Master arbeite ich darauf hin, dass mein Product Owner einen delegativen Führungsstil hat, um sein Team bestmöglich zu unterstützen.

11.10.2 Warum benötigen wir eine agile Führung?

Warum ist ein agiler Führungsstil in der heutigen Zeit so wichtig für uns? Die Antwort heißt „Digitalisierung".

 Was ist Digitalisierung?

Digitalisierung ist die Umwandlung von analogen Werten in digitale Formate. Die Digitalisierung als Erstellung digitaler Repräsentationen hat den Zweck, Informationen digital speichern und für die elektronische Datenverarbeitung zur Verfügung zu stellen.

Das bedeutet für uns: Es werden zunehmend schnellere Entscheidungs- und Handlungsfähigkeiten verlangt. Klassische hierarchische Strukturen und Prozesse reichen oft nicht mehr aus, da diese zu behäbig und zu wenig leistungsfähig geworden sind. Neue Konzepte, in Form von agilen Prozessen, müssen her! Dies bedeutet, dass wir von klassischen Unternehmensstrukturen in agile Unternehmensstrukturen expandieren sollten („Agilisierung").

11.10.3 Klassische vs. agile Unternehmensstruktur

Klassische Unternehmensstrukturen

Klassische Unternehmensstrukturen sind stark hierarchisch geprägt, träge und administrativ oft zu aufwendig geworden. Dadurch können sie kurzfristig keine kreativen sowie ergebnisorientierten Produkte und Dienstleistungen anbieten.

Auf dem globalisierten Markt kann der Kunde alles, und das fast sofort, bekommen. Können wir ihm kurzfristig seine Wünsche nicht erfüllen, geht er zur Konkurrenz und diese ist jederzeit und international über das Internet erreichbar.

In einer klassischen Betriebsführung besteht zwischen Angestellten und Führungskräften eine „Eltern-Kind-Beziehung". Der Vorgesetzte entscheidet, welche Aufgaben ein Mitarbeiter wie auszuführen hat und bis wann das Ergebnis vorliegen muss.

Agile Unternehmensstrukturen

Agile Unternehmensstrukturen weisen eine flache Hierarchie auf. Die Personen, die das Produkt herstellen oder die Dienstleistung durchführen, bestimmen mit, wie die vom Management vorgegebenen Ziele umgesetzt werden. Dies ist die ideale Basis für Produktionsentscheidungen, denn die Personen, die das Ergebnis herstellen sollen, wissen selber am besten, wie das funktioniert.

In einer agilen Betriebsstruktur besteht zwischen Angestellten und Führungskräften eine „Erwachsenenbeziehung". In selbstorganisierten Teams ist es den Mitarbeitern überlassen, wie sie ihre Aufträge erfüllen.

Im Kontext der mitteleuropäischen Arbeitswelt existiert diese Form der Selbstständigkeit und Eigenverantwortung paradoxerweise nur sehr selten. Eines der Hauptprobleme ist nämlich die fehlende Kompetenz von Erwachsenen in Angestelltenverhältnissen, ohne die Autorisierung durch den Vorgesetzten, eigenverantwortlich Entscheidungen zu treffen. Es fehlen oft unternehmerisches Denken und ein Agiles Mindset sowie der Wille, die volle Verantwortung zu übernehmen, sollte die Entscheidung nicht korrekt sein.

Ein weiterer Hindernisfaktor ist die „tayloristische" Verteilung von speziellen Aufgaben wie beispielsweise Marketing, IT, Vertrieb, Produktion, Finanzmanagement und Controlling in separate Abteilungen oder Teams. Dadurch sind die Prozessketten zu lang geworden, es treten Reibungsverluste auf, was wiederum in sehr langen Umsetzungszyklen resultiert. Doch es gibt eine Lösung des Dilemmas.

11.10.4 Kybernetik und Co.

Mitte des 20. Jahrhunderts entstand eine Wissenschaft, die sich mit den Grundsätzen überlebensfähiger Organisationsformen auseinandersetzt. Im Zentrum steht hier die Frage: Warum und wie ist eine Organisation, also ein komplexes System (Abschnitt 11.10.5), überlebensfähig?

Diese Wissenschaft nennt sich „Kybernetik". Die Ergebnisse haben sich leider nur begrenzt durchgesetzt, aber sie haben beispielsweise agile Vorgehensweisen stark beeinflusst.

Dabei gibt es folgende Erkenntnis:

 Erkenntnis aus der Kybernetik

Sobald Menschen sich zusammenfinden, um ein Vorhaben umzusetzen und die Form ihrer Kooperation und Kommunikation organisieren, haben wir ein Unternehmen, also ein komplexes System.

Da ungebremste interdisziplinäre Entwicklung in der Regel immer zu chaotischen und fehlerhaften Zuständen und Ergebnissen führt, benötigt wird eine für alle Beteiligten einfach verständliche und einheitliche Sprache, die leicht nachvollziehbar und gemeinschaftlich genutzt wird.

Eine gemeinsame Sprache ist also zwingend notwendig für die Beschreibung und Kombination einzelner Bestandteile, Elemente und Komponenten eines komplexen Systems.

Es wird somit festgelegt, wie Teams oder einzelne Organisationseinheiten zusammenarbeiten, in welcher Leistungs- und Lieferbeziehung sie stehen und wie die Prozesse ablaufen sollen.

Da diese „gemeinsame Sprache" in Unternehmen von Anfang an oft fehlt, wird sie von vermeintlich qualifizierten Personen vorgeschrieben. So hat jede größere Firma ihren eigenen „Firmenjargon", Abkürzungen, Titelbezeichnungen, fest vorgeschriebene Arbeitsanweisungen und vorgehen („Prozesse") und vieles mehr.

Es geht uns als Scrum Master nun darum, Arbeitsweisen, Organisationsstrukturen und formen sowie mentale Modelle zu entwickeln, die Veränderungen als Prinzip und Designelement beinhalten und auf diesen aufbauen. Die sollen nun in die vorhandene Prozessstruktur eines Unternehmens eingegliedert oder – im Idealfall – ganze Teile von klassischen Prozessen ersetzen.

11.10.5 Die Beherrschung komplexer Systeme

Ich habe schon mehrfach „komplexe Systeme" erwähnt. Eine Firma ist so ein „komplexes System". Es ist für uns wichtig zu verstehen, wie diese zu steuern sind.

Wenn wir etwas kontrollieren und steuern wollen, benötigen wir ein **Verständnismodell** davon. Wir müssen also verstehen, wie etwas funktioniert. Um nun solch ein Modell geistig konstruieren zu können, brauchen wir **Informationen** vom und über das System.

 Steuerung komplexer Systeme

Ein Pilot beispielsweise nutzt Informationen der Cockpit-Instrumente, um zu verstehen, was das Flugzeug gerade macht und wie der aktuelle Zustand ist, um es an sein Ziel steuern zu können. Ein Fluglotse nutzt die Informationen seiner Instrumente (Radar, Wettersystem), um ein aktuelles Bild des Flug-

> betriebs zu bekommen und diesen steuern zu können. Ein Manager nutzt Informationen aus Meetings und Reports, um den Status eines Projekts oder einer Abteilung verstehen zu können und dies zu steuern.

Die Kontrolle eines komplexen Systems kann also nur so gut sein wie die Informationen vom und über das System. Und hier hakt es oft in großen Firmen: Die Informationen werden, bis sie beim Verantwortlichen ankommen, oft durch Weitergabe durch Dritte verfälscht. Dies passiert entweder unbewusst (falsch verstanden oder nicht gründlich genug Fakten gesammelt) oder bewusst (Beschönigung eines Status, Verstecken von Schwächen). Daher ist es wichtig, dass wir eine hohe Transparenz haben und Informationen möglichst unverfälscht und vollständig von den Personen sammeln, die sie auch erzeugen.

Je komplexer so ein System ist, also je größer die Firma, die Abteilung oder Produktionseinheit ist, desto schwerer wird es, ein Verständnismodell zu konstruieren. Und eines sollte uns klar sein: Je komplexer das System ist, desto weniger können wir es selber kontrollieren.

Was können wir nun tun, um so ein hochkomplexes System zu beherrschen? Die Antwort ist einfach: Wir geben Kontrolle ab! Delegieren ist hier der beste Weg, ein komplexes System zu beherrschen.

 Kontrollabgabe zur Steuerung komplexer Systeme

Der Fluglotse aus unserem Beispiel fliegt das Flugzeug nicht selbst. Er unterstützt den Piloten mit Daten, sodass dieser das machen kann. Der Pilot kontrolliert das Flugzeug auch nicht selbst, er delegiert vieles an unterschiedliche automatische Flugsysteme. Der Manager delegiert die meisten Aktivitäten an sein Team, welches dann das Projekt ins Ziel bringt.

Das Loslassen von Kontrolle (delegieren) ist also der richtige Weg für einen Manager. Im agilen Umfeld passiert dies, indem Entscheidungen und Verantwortungen auf die Ebene gesetzt werden, auf der jeder Beteiligte direkte Informationen besitzt, die klein und genau genug sind, um effektive und nachhaltige Entscheidungen treffen zu können.

 Widerstände bei der Abgabe von Kontrolle

Die Lösung „Wir geben Kontrolle ab, um ein komplexes System beherrschen zu können" ist in der Theorie einfach. Entscheidungen auf die Ebene zu setzen, die alle Informationen hat und die Arbeit auch selber umsetzt, klingt auch logisch. Aber in der Praxis sieht das leider ganz anders aus.

Viele Manager haben Angst, ihre oft jahrelang erarbeitete Kontrolle und Macht abzugeben und austauschbar zu werden, wenn sie zu viel Entscheidungsgewalt an ihr Team abgeben. Daher ist es wichtig, dem Management beizubringen, was ein agiler Manager nun tun kann, um sein Team zu unterstützen (Abschnitt 11.10.6).

11.10.6 Der agile Manager

Unsere Arbeitswelt ändert sich langsam, aber sicher, in Richtung „Agilität". Von vielen Führungskräften wird nun erwartet, dass sie ihren bisherigen Führungsstil an die neue Situation im Unternehmen anpassen. Das bedeutet, dass nun ein delegativer Führungsstil gewünscht wird, damit agile Frameworks wie Scrum überhaupt funktionieren können.

Manager, die bisher „autoritär", „patriarchisch" oder „beratend" gearbeitet haben (Bild 11.10), können nicht innerhalb kürzester Zeit „delegativ" werden, vor allem wenn sie schon seit mehreren Jahrzehnten ihren Führungsstil vertreten und gelebt haben.

Ich empfehle daher, diese Manager dahingehend zu coachen, dass sie stufenweise an die Agilität herangeführt werden und sich der Führungsstil in der Grafik langsam von links nach rechts (Bild 11.10) entwickeln kann. Dazu ist es wichtig, klar zu kommunizieren, wie das Zielbild eines agilen Managers aussehen soll.

 Das bleibt gleich bei agilem Management

Als agiler Manager gibt es Bereiche, die von agilen Prozessen erst einmal unbeeinflusst bleiben. Dazu gehören:

- Die Basisprozesse des Budgetmanagements
- Die Personalverwaltung und das Recruiting
- Das Benchmarking und Monitoring
- Reportings und Reviews
- Feuerlöschfunktionalitäten als Vorgesetzter

 Das ändert sich bei agilem Management

- Agile Prozesse werden vor den klassischen favorisiert.
- Das neue Rollenverständnis wird gelebt und unterstützt.
- Selbstorganisation in Teams wird unterstützt und gefördert.
- Alles ist auf das Produkt oder die Dienstleistung ausgerichtet.
- Effizienzsteigerung steht im Vordergrund.
- Vertrauen in das Team wird benötigt.

11.10.7 Das richtige Bewusstsein

Wenn mich Firmen holen, um „alles agil zu machen" (Zitat eines Kunden), fällt mir in den ersten Auftragsklärungsgesprächen immer auf, dass die falschen Fragen vom Management an mich herangetragen werden. Ich weise dann die Damen und Herren höflich auf ihren Irrtum hin, um ihnen plakativ zu zeigen, was es bedeutet, agil zu denken. Dies kann bereits der erste Schritt zu einem Agilen Mindset sein.

Folgende Fragen oder Anforderungen tauchen immer wieder in Erstgesprächen auf:

- Wie können Sie unsere Abteilung agil machen?
- Wie kann die Unternehmensstruktur geändert werden?
- Bitte tun Sie etwas, damit sich das Mindset der Mitarbeiter in Richtung Agilität ändert.
- Wie kann die agile Kompetenz unserer Mitarbeiter erhöht werden?

Diese Fragestellungen entsprechen leider noch einer antiquierten Denkweise: „Die anderen müssen sich ändern und wenn sie es nicht machen, holen wir jemanden, der sie ändert."

Wenn wir nun dieselben Fragen unter den Aspekten des Agilen Mindsets stellen, klingen diese so:

- Was kann ich als Führungskraft tun, um unsere Abteilung agil zu machen?
- Was kann ich tun, um eine Änderung der Unternehmensstruktur zu unterstützen?
- Was kann ich als Vorgesetzter tun, damit sich das Mindset der Mitarbeiter in Richtung Agilität ändert?
- Was kann ich tun, um die agile Kompetenz unserer Mitarbeiter zu erhöhen?

Es ist leider immer noch üblich, dass Führungskräfte Veränderungen bei ihren Mitarbeitern fordern, ohne mit gutem Beispiel voranzugehen und sich selber verändern zu wollen. Aber würden wir einem Koch vertrauen, der sein eigenes Essen nicht isst? Oder einem Autohersteller, der einen Wagen der Konkurrenz fährt?

Es ist leider ein weitverbreitetes Übel, dass jeder den anderen ändern möchte, aber nicht sich selbst. Wir wollen, dass alles besser wird, aber trotzdem gleichbleibt. Ohne sich selbst zu ändern, ändert sich aber nichts! Agilität lebt von der Mithilfe aller Beteiligten.

Ein agiler Manager zu sein bedeutet also, selber agil zu sein, ein Agiles Mindset (Abschnitt 11.2) zu entwickeln und ein Umfeld für seine Mitarbeiter zu schaffen, in welchem sie selbstorganisiert dafür sorgen können, ihre vorgegebenen Ziele auf ihre Art zu erreichen.

11.10.8 Führen durch Einladung

Als Scrum Master nehmen wir oft die Rolle des „Servant Leaders" ein. Das bedeutet, wir sind eine Art Führungskraft, jedoch ohne Dinge vorzuschreiben oder Restriktionen verhängen zu können. Hier drängt sich das Bild eines „zahnlosen Tigers" auf. Dieses Problem können wir jedoch sehr gut durch das Konzept der „Inviting Leadership" lösen.

In unserer modernen Zeit wird die traditionelle Art der Führung, die Ausübung von Macht und Formalität („command and control") immer schwieriger. Wir benötigen hochmotivierte und flexible Mitarbeiter mit einem hohen Maß an Selbstorganisation, um mit den heutigen Marktveränderungen Schritt halten zu können. Die neue Mitarbeitergeneration möchte eigenverantwortlich arbeiten können. Es werden Entscheidungen hinterfragt, Zusammenhänge wollen verstanden sein. Das „Warum" ist vorrangig, daraus ergibt sich später dann das „Wie".

Daraus ergibt sich eine Unterstützung des agilen Führungsstils durch Einladung, nicht durch Vorschrift und Zwang.

„Der, dem freiwillig gefolgt wird, führt wirklich." (Zitat, Quelle unbekannt)

Einladungsbasierte Führung benötigt folgende Schwerpunkte, um zu funktionieren:

- **Feedback:** Als Führungskraft sollte ich mich genauso weiterentwickeln, wie meine Mitarbeiter es tun. Daher ist der „Leader" darauf angewiesen, ehrliches Feedback zu seiner Arbeit und Person zu bekommen, um sich seine weiteren Entwicklungsziele setzen zu können.

  Durch die Aussprache von Einladungen bekommt die Führungskraft zusätzlich ein „Sofortfeedback", ein klares „Ja" oder „Nein". Wenn ein „Ja" ausgesprochen wird, bestätigt dies den Weg, auf dem der Servant Leader geht. Wird ein „Nein" zu einer Einladung ausgesprochen, sollte dies erst einmal angenommen werden, um später zu analysieren, warum das Angebot nicht zu dieser Person passte.

- **Einladung:** Jede Einladung sollte eine Frage sein, die mit „Ja", „Nein" oder „Vielleicht" beantwortet werden kann. Sie löst bei dem Befragten einen Entscheidungsvorgang aus, der aufgrund des Angebots abgewogen und bewertet wird. Es sollte klar kommuniziert werden, dass dies ein freiwilliges Angebot ist und keine Repressalien hervorruft, wenn abgelehnt wird.

- **Unsicherheiten sind Tagesordnung:** Eine Firma ist ein komplexes System, das sich durch laufende Veränderungen verschiedener Parameter (Erstellung von Produkten, Ergebnissen, Dokumenten, Mitarbeiterveränderungen) selber laufend verändert. Die Reaktion des Systems auf eine oder mehrere dieser Veränderungen kann nicht sicher vorhergesagt werden. Prognosen sind auch nur Schätzungen und erst, wenn man eine Sache gemacht hat, weiß man, ob sie funktioniert.

  Die Mitarbeiter sollten sich also daran gewöhnen, dass mit der besten Planung genauso viel schiefgehen kann wie durch gar keine Planung. Der Grundsatz „Wir wissen erst, ob es stimmt, wenn wir es gemacht haben" sollte in der Firma zum Status quo gehören.

Eine „Führung per Einladung" hat viele Vorteile. Zwei der größten sind, dass für die Personen, die unsere Angebote annehmen, diese auch passen. Somit sind sie motivierter bei der Sache. Durch die Personen, die sie ablehnen, bekommen wir eine unmittelbare Feedbackschleife, um sie zu optimieren und besser an unser Team anzupassen.

12

Der Remote Scrum Master

12.1 Neue Zeiten, neue Herausforderungen

Im Jahr 2020 wurde unsere agile Welt erschüttert, ein Virus setzte monatelang das soziale Leben außer Kraft. Wir durften uns nicht in größeren Gruppen treffen, Lokale, Cafés, Bars und viele weitere Unternehmensbereiche wurden geschlossen. Firmen verhängten „Büroverbot" und begannen ihre Angestellten ins Home-Office zu schicken.

Für unsere agile Welt war dies anfänglich ein Schock, weil Agilität von Anwesenheit lebt. Und nun hatten wir nur noch die Möglichkeit, per E-Mail, Telefon und Videochat zu kommunizieren.

Es hat sich aber im Jahresverlauf herausgestellt, dass diese „agile Katastrophe" gar keine war, sondern für viele Firmen eine Chance bot, endlich ihre Komfortzone zu verlassen und neue Wege zu beschreiten in Bezug auf flexiblere Arbeitsmodelle.

Seit Jahren bin ich ein starker Kritiker einer Managerunart: In vielen mittleren und großen Firmen befinden sich in fast allen Meetingräumen riesige Plasmafernseher mit teuren Videokameras, gekoppelt mit Freisprech-Konferenztelefonsystemen. Aber so gut wie niemand hatte diese bis auf die Telefonkonferenzfunktion aktiv genutzt. Viel eher flogen Manager in der Business-Class, inklusive zwei Hotelübernachtungen, in ein anderes Bundesland, nur um persönlich an einer 3-Stunden-Konferenz teilzunehmen. Flugtickets, Übernachtungs- und Verpflegungskosten zahlte immer die Firma.

Durch die Lage in 2020 wurden wir nun alle zum Umdenken gezwungen. Plötzlich mussten die technischen Gegebenheiten genutzt werden. Und siehe da, die Konzerne erkannten, dass damit nicht nur eine Menge Geld zu sparen war, sondern auch effektiver und rascher kommuniziert werden konnte als bisher.

In manchen Bereichen schafften die Mitarbeiter in kürzerer Zeit mehr Arbeit von zu Hause aus, als wenn sie in den Firmen die „Kernbürozeiten" abgesessen hätten.

Video-Chats wurden dann auch in privaten Bereichen Ersatz für persönliche Treffen. Und ganz ehrlich: Was hält uns davon ab, nach Feierabend gemeinsam ein Bier zu trinken oder einen Tee oder Kaffee zu schlürfen, wenn wir per Videokamera miteinander verbunden sind? Eben. Nichts!

Auch im agilen Bereich hat sich dadurch einiges geändert. „Agilisten" wie ich mussten sich neue Wege überlegen, um Scrum Events, Schulungen und Coachings abhalten zu können. Und es hat auch funktioniert und funktioniert immer noch. Ich bin selber überrascht, wie gut manche Veranstaltungen mit ein bisschen Kreativität klappen, obwohl man sich „nur" per Video sieht und hört.

■ 12.2 Die Technik

Als Mitglied eines Scrum Teams reicht in der Regel ein Laptop oder Desktop-Rechner mit eingebauter Kamera und internem Mikrofon, um Anschluss an eine Videokonferenz zu bekommen. Auch externe Webcams werden oft und gerne genutzt.

Als Scrum Master, vor allem wenn er wie ich Meetings moderiert, agile Events abhält, Schulungen gibt und als Vortragender bei agilen Konferenzen arbeitet, reicht solch einfache Technik leider nicht mehr aus. Da ich ja auch Schulungsvideos produziere und meinen Kunden als unterstützendes Lehrmaterial zur Verfügung stelle, sollte schon einigermaßen hochwertige, aber nicht zu teure Technik vorhanden sein.

Ich habe viel experimentiert, mich auch professionell beraten lassen, und das Ergebnis ist nun wenig, aber dafür hochwertiges Equipment, das ich hier als Anregung für das eigene Arbeiten kurz beschreiben möchte. Hierbei ist mir wichtig zu sagen, dass ich mit keiner der genannten Firmen oder Markeninhabern Werbeverträge abgeschlossen habe.

12.2.1 Anforderungen ermitteln

Mit moderner Technik lässt sich schon so einiges anstellen. Ehe ich mich für mein Equipment entschieden habe, überlegte ich zuerst, welche Anwendungsgebiete ich habe und welche Features unbedingt notwendig sind. Um die Kosten im Rahmen zu halten, habe ich immer überlegt: „Brauchst du es oder willst du es nur?" Wenn ich es nur wollte, habe ich es weggelassen. Dieses Vorgehen, das ich auch im Alltag nutze, sparte mir in Summe eine Menge Geld und unnötigen Krempel, der meine Wohnung zumüllt.

Ich habe zuerst meine Anwendungsgebiete ermittelt:

- Videosessions für Einzelcoachings
- Videosessions mit Gruppen für Konferenzen
- Videosessions mit Gruppen für Scrum Events wie Retrospektiven oder Dailys
- Lehrvideos oder Mitschnitte

Ich habe jetzt das Thema „Virtuelle Realität (VR)" weggelassen, da ich dazu noch in einem eigenen Abschnitt etwas schreibe.

Es sollten also laut meinen Anforderungsgebieten Lösungen gefunden werden, die folgende Features beinhalten:

- Professionelles Video-Bild (hochauflösend)
- Professioneller Ton

- Richtige Beleuchtung

- Eine Möglichkeit, alles einfach auf Knopfdruck aufzuzeichnen, sei es von einem oder mehreren Bildschirmen oder von externen Video- und Audioquellen

- Eine Möglichkeit, alles einfach weiterzubearbeiten, also schneiden, synchronisieren und exportieren in gängige Formate

- Meine Ausrüstung sollte mit allen gängigen Schnittstellen (Apple) kompatibel sein.

- Meine Ausrüstung sollte mit allen gängigen Videochatprogrammen (Zoom, Wire, Teams, WebEx) kompatibel sein.

- All das sollte mein Budget von knapp 1500 Euro nicht übersteigen.

Wenn wir uns nun etwas mehr mit der Materie beschäftigen, werden wir merken, dass es nicht reicht, dafür einfach eine gute Webcam zu kaufen und mit unserem Rechner zu verbinden. Für ein professionelles Bild, sei es bei Livevideokonferenzen oder auf Videomitschnitten für Webinare, benötigen wir eine gute Videokamera, ein passendes Objektiv und auch das entsprechende Licht. Gerade die richtige Beleuchtung unterscheidet ein „Home Made"-Video von professionell wirkenden Inhalten.

12.2.2 Auswahl des Basisequipments

Nach vielen Versuchen, aber auch professioneller Beratung, habe ich mich für folgende Ausstattung entschieden, die ich über mein Mac Book Air (13 Zoll, 16 GB RAM, Baujahr 2020) betreibe:

- **Die Kamera:** Ich habe mich für keine Videokamera entschieden, sondern für einen hochwertigen Fotoapparat mit Videofunktion, die Canon EOS M50 (Abschnitt 13.3.2). Ich nutze diesen wie eine Webcam. Die M50 schafft eine Videoauflösung von bis zu 4k und liefert auch in lichtschwachen Situationen ein sehr gutes Bild. Einer der Hauptgründe, warum ich mich für dieses Gerät entschieden habe, ist der ausgesprochen gute Autofokus. Das Vordergrundobjekt bleibt dabei stets scharf fokussiert, auch wenn es sich bewegt, und hebt sich vom unscharfen Hintergrund ab. Die Kamera wird einfach per USB- oder HDMI-Kabel an den Laptop angeschlossen. Dazu gibt es bereits Treiber von Canon, die es ermöglichen, das Bild „live" wie bei einer Webcam an den Rechner zu senden (Abschnitt 13.3.4).

- **Das Objektiv:** Ich habe mich für das Weitwinkelobjektiv „Sigma 16 mm F1,4 DC DN" (Abschnitt 13.3.2) entschieden, weil es den Effekt der Hintergrundunschärfe noch mehr verstärkt und somit einen hoch professionellen „Kinofilmlook" erzeugt. Außerdem ermöglicht es als Weitwinkel eine Art „Breitbild" zu übertragen. Das macht einen noch professionelleren Eindruck. Was aber noch wichtiger für mich ist: Ich stelle die Kamera so ein, dass ich nicht im Zentrum des Bilds sitze, sondern mehr im rechten oder linken Bildbereich.

Das hat den Vorteil, dass ich aufgrund des Breitformats Platz genug auf dem Bildschirm habe, um zusätzlich noch andere Inhalte, wie PowerPoint-Folien, Logos oder Grafiken in den Ecken einzublenden, ohne dass ich davon verdeckt werde.

- **Das Mikrofon:** Um einen guten Klang, vor allem bei Videoaufzeichnungen für Schulungen, zu erzielen, sollte ein externes Mikrofon genutzt werden. Ich arbeite mit dem „Rode

Podcaster MKII" (Abschnitt 13.3.2). Dieses kann ohne Vorverstärker direkt per USB an den Rechner angeschlossen werden. Das Mikrofonsignal wird schon im Mikrofon vorverstärkt und hat einen sehr niedrigen Rauschabstand. Außerdem besteht die Möglichkeit, direkt am Mikrofon einen Kopfhörer anzuschließen, um zu hören, wie der Ton klingt, ehe das Signal in den Rechner übertragen wird. Das ist wichtig, um bei Störungen (Brummen, Knistern) zu erkennen, ob diese vom Mikrofon kommen oder erst im Rechner generiert werden.

Bei der Verwendung eines externen Mikrofons ist zu überlegen, ob wir den „Nahbesprechungseffekt" nutzen wollen. Dieser entsteht, wenn wir mit den Lippen sehr nahe am Mikrofon reden. Dies verleiht der Stimme eine sehr intime Nähe und sie klingt dann angenehm warm und voll. Der Nachteil ist, dass unser Gesicht nicht komplett zu sehen ist. Dafür habe ich mir noch eine Mikrofonschaumstoffabdeckung geholt, um Atemgeräusche zu minimieren.

- **Die Software:** Ich arbeite in erster Linie mit der Videokonferenzsoftware „Zoom" (Abschnitt 13.3.4). Dies ist ein kostenloses Tool, das in Zweierkonferenzen zeitlich uneingeschränkt genutzt werden kann. Ab drei Personen ist die Dauer einer Konferenz auf 40 Minuten beschränkt. Wenn ich sie „zeitlich unbeschränkt" nutzen will, wird eine monatliche Kostenpauschale fällig. An Funktionalitäten bietet sie eine Videochatfunktion, einen normalen Chat, ein Whiteboard, Break-Out-Rooms. Zudem kann der eigene Bildschirm für alle Teilnehmer zum Betrachten und Bearbeiten freigegeben werden.

Manche Kunden haben eigene Videokonferenzserver, daher nutze ich auf Wunsch diese auch mit. Meistens sind das die Produkte „Skype for Business", „WebEx" „Wire" oder „Microsoft Teams" (Abschnitt 13.3.4).

Für die Aufzeichnung und Nachbearbeitung (Schneiden, Vertonen, Effekte) meiner Videosession und Lehrvideos benutze ich „Screen Flow" von Telestream (Abschnitt 13.3.4). Mit dieser Software kann ich neben einem oder mehreren Bildschirmen noch beliebige zusätzliche, an den Rechner angeschlossene Video- oder Ton-Signalquellen aufzeichnen. Die Software bietet sehr gute Nachbearbeitungsmöglichkeiten des aufgezeichneten Materials für den Schnitt, für Effekte bei den Übergängen, die Nachvertonung, das Einfügen von Untertiteln oder Grafiken und den Export des Materials in alle gängigen On- und Offlineformate.

Es gibt am Markt natürlich noch unzählige andere Anbieter, aber auch hier ist es wichtig, das richtige Werkzeug für die eigene Arbeitsweise zu finden und verschiedene Produkte auszuprobieren. Meistens gibt es eine kostenlose oder 30 Tage lauffähige Testversion der gängigsten Software zum Ausprobieren.

12.2.3 Die Beleuchtung

Eine gut ausgeleuchtete Sitz- oder Stehposition ist wichtig, um selber gut gesehen zu werden und der Kamera auch die Möglichkeit zu geben, ihre volle Schärfe auszuspielen. Je dunkler ein Bild ist, desto weniger Detaillierung kann nämlich übertragen werden. Außerdem liefert gute Ausleuchtung durch das bewusste Einsetzen von Schatten und Licht mehr Kontraste, was wiederum mehr „Tiefe" im Bild erzeugt.

Die Zeit der riesigen 1000-Watt-Scheinwerfer und Licht-Diffusionsboxen ist zum Glück vorbei, es gibt bereits sehr gute LED-Leuchten unter 100 Euro pro Stück. Diese sind nicht größer als ein iPad und lassen sich einfach auf einen gängigen Licht- oder Mikrofonständer schrauben. Durch die LED-Ausstattung benötigen sie nur einen Bruchteil des Stroms, den die „großen" Scheinwerfer früher verbraucht haben.

 Informationen zur Lichttemperatur (Kelvin)

Die Lichttemperatur (nicht die Lichthelligkeit!), die für uns als „Lichtfarbe" wahrnehmbar ist, wird in „Kelvin" gemessen. Je niedriger diese Zahl ist, desto „wärmer", also „oranger", wird das Licht. Je höher diese ist, umso „blauer" und kälter wird das Licht empfunden, egal wie hell es eingestellt wird.

- Die „Norm" für Sonnenlicht (Vormittags-/Nachmittagssonne) beträgt 5500 Kelvin.
- Die neutralste Farbe, also Licht, das die Farben von angestrahlten Objekten nicht verändert, hat 4000 Kelvin. In diesem Bereich arbeiten auch Leuchtstoffröhren.
- Tageslicht hat immer eine Lumenzahl von 5300 Kelvin oder mehr.
- Mondlicht hat 4120 Kelvin.
- Operationssaalbeleuchtung liegt bei 3600 Kelvin.
- Eine 60-Watt-Glühbirne hat 2700 Kelvin.
- Eine Kerze hat 1500 Kelvin.

Hinzu kommt noch der Wert für die Lichtstärke, in „%" gemessen. Ich empfehle, LED-Scheinwerfer zu kaufen, an denen die Lichttemperatur und die Lichtstärke getrennt einstellbar sind. Hier unterscheiden wir zwischen „weißen" Scheinwerfern und „Farbscheinwerfern", deren „RGB"-Werte angepasst werden können. Das bedeutet, ich kann durch die individuelle Kombination der einzelnen Werte „Rot", „Grün" und „Blau" jede beliebige Farbe erzeugen.

Für mein Licht-Setup vor der Videokamera benutze ich zwei weiße und einen Farb-LED-Scheinwerfer.

 Lichtsetup Video

Wenn ich mit Videolicht arbeite, verdunkle ich den Raum komplett, um nicht durch sich veränderndes Tageslicht (mal Sonne, mal Wolken) die Lichtstimmung während einer Session zu verändern. Das würde die Schärfeeinstellung beeinflussen und es wirkt störend, wenn während der Videoaufzeichnung plötzlich das Bild heller oder dunkler wird.

- Einen **weißen** LED-Scheinwerfer habe ich links hinter mir (ca. 245-Grad-Winkel) auf einem Stativ angebracht, das so eingestellt ist, dass es meinen Kopf überragt, wenn ich vor der Kamera sitze. Er strahlt also schräg hinter mir von oben auf mich herab. Dieses „Spitzlicht" erzeugt eine leichte Korona um

Kopf und Oberkörper, was mich besser von dem Hintergrund abhebt. Dadurch hat es auch der Autofokus der Kamera einfacher, mich scharf und den Hintergrund unscharf zu stellen.

Das Licht des LED-Scheinwerfers ist auf „Tageslicht" oder „Sonnenlicht" eingestellt, je nachdem, welche Stimmung ich erzeugen will, und hat eine Lichtstärke von 60 – 80 %, abhängig vom im Raum vorhandenen Licht.

- Einen zweiten **weißen** LED-Scheinwerfer habe ich rechts vor mir (ca. 45-Grad-Winkel) platziert, sodass er mein Gesicht ausleuchtet. Durch die schräge Bestrahlung tritt die andere Gesichtshälfte etwas in den Schatten. Das wirkt plastisch und lebendig.

  Leider hat sich in letzter Zeit, vor allem bei Instagram, durchgesetzt, das Gesicht frontal, von vorne auszuleuchten und das auch noch mit einem Ringlicht, in dessen Mitte das Handy oder die Kamera eingespannt wird. Dies macht die Gesichter maskenhaft und unnatürlich. Schatten fehlen und das Bild wirkt flach. Ich würde davon auf jeden Fall die Finger lassen.

- Ein **bunter** LED-Scheinwerfer steht hinter mir im Raum am Boden und leuchtet von unten eine Wand an. Er ist so platziert, dass die Lichtkorona der Reflexion an der Wand gut zu sehen ist. Dies macht den Hintergrund des Videobilds, wenn er auch unscharf ist, lebendiger und „gemütlicher". Je nach persönlicher Stimmung kann dann die Farbe verändert werden. Ich baue den LED-Scheinwerfer gerne so auf, dass der „Farbklecks" auf einer Seite, hinter meinem Flipchart, erscheint.

Die von mir angegebenen Werte für Licht und Winkel sind bitte als Ausgangswerte zu verstehen, damit jeder selber herumprobieren kann, was für ihn gut funktioniert. Ich empfehle dazu auch YouTube-Videos zum Thema „Beleuchtung am Filmset" anzuschauen.

Ich habe mir die zwei weißen LED-Strahler als Set inkl. Stativen und Transporttasche zugelegt („LED Video Kamera Licht, RALENO 2 Pack 384 LED"). Mein Farb-LED-Strahler ist von „Sutefoto", für ihn nutze ich ein kleines Bodenstativ. Ich empfehle, diese Dinge im Musikalienhandel zu kaufen, da kosten sie einiges weniger als im Fotofachhandel. Der Link zu meinem bevorzugten Händler (Thomann) ist im Abschnitt 13.3.2 zu finden.

12.2.4 Einrichten des Videobilds

Das Einrichten eines Videobilds bedeutet, die Kamera, meine Sitz- oder Stehposition und das Licht so aufeinander abzustimmen, dass ich ein klares, lebendiges Bild mit schöner Tiefenwirkung habe, auf dem ich deutlich zu erkennen bin. Dazu einige wichtige Punkte, die es zu beachten gilt:

- Vorteilhaft ist eine Kameraeinstellung, bei der neben unserem **Kopf** auch unser **Oberkörper** und ein **Teil der Arme** sowie die **Hände** zu sehen sind, wenn wir sie heben. Dadurch können wir das gesprochene Wort mit Gesten unterstützen. Diese Übertragung unserer Körpersprache wirkt natürlicher, als wenn nur der Kopf zu sehen ist.

- Die Kamera sollte so ausgerichtet werden, dass auf dem Monitorbild **nicht zu viel Abstand** zwischen **Kopf** und **oberem Bildrand** besteht. Ich platziere mich außerdem immer so, dass ich nicht in der Bildmitte zu sehen bin, sondern etwas an den Rand gerückt bin („Goldener Schnitt"): Dies ermöglicht Platz für weitere Einblendungen wie Logos, Schriftzüge oder PowerPoint-Folien hinter meiner Schulter.

 Der Goldene Schnitt

Der Goldene Schnitt stammt aus der Antike und hat nach wie vor Bedeutung bei der Auswahl von Bildausschnitten bei Malern, Fotografen und Filmemachern. Er bezeichnet ein Teilungsverhältnis zweier Größen zueinander das von Menschen als besonders harmonisch empfunden wird.

Praktisch heißt das, wir teilen unser (Video-)Bild durch zwei senkrechte und zwei waagerechte Striche in neuen gleichgroße Felder auf. Das Vordergrundmotiv wird nun in der Nähe einer der Schnittstellen der Striche platziert.

- Wir sollten die **Höhe unserer Sitzposition** so wählen, dass wir unseren Kopf auf keinen Fall unbewusst nach hinten neigen oder so hoch sitzen, dass wir „von oben" in die Kamera blicken müssen. Dadurch senken wir nämlich die Augen und das wirkt, als wären wir müde.

Wir sollten eine Sitzposition einnehmen, bei der unser Kopf als Ganzes etwas gesenkt werden kann. Dadurch blicken wir leicht „nach oben" in die Kameralinse und öffnen dadurch die Augen weiter. Das wirkt wacher und präsenter. Dabei bitte darauf achten, dass wir beim Senken des Kopfs den „Hals lang machen", also den Kopf etwas in Richtung Kamera strecken, um ein „Doppelkinn" zu vermeiden. Ist zwar anstrengend, sieht aber dann auf dem Videobild besser aus.

- Was wir unbedingt im Vorfeld ausprobieren sollten, ist der **direkte Blick in die Kamera.** Es kommt immer besser an, wenn unsere Videopartner am anderen Ende der Videoleitung das Gefühl haben, dass wir sie beim Sprechen direkt ansehen. Das ist aber oft nicht so einfach, weil wir während des Sprechens auf den Bildschirm schauen, um die anderen Video-Teilnehmer zu sehen oder Texte abzulesen. Bei den in Rechnern eingebauten „Onboard-Kameras" fällt dies nicht so ins Gewicht, da sie meistens so eingestellt sind, dass der Blick auf den Bildschirm so aussieht, als würden wir direkt in die Kamera blicken.

Wenn man aber, wie in meinem Fall, mit einer externen Kamera arbeitet, die auf einem Tischstativ über der oberen Kante des Laptopbildschirms montiert ist, sollte man unbedingt austesten, wo man genau hinblicken muss, damit andere Videoteilnehmer (oder Personen, die später meine Videokurse anschauen) das Gefühl haben, direkt angeschaut zu werden.

Ich teste das so, dass ich zuerst die Videosoftware starte, um mich selber zu sehen. Dann blicke ich auf einen bestimmten Punkt und mache einen Screenshot. Somit sehe ich, wohin ich im Video gesehen habe. Dieses Vorgehen wiederhole ich so lange, bis ich weiß, welchen Punkt ich fixieren muss, damit es aussieht, als sähe ich meine Zuseher direkt an. Ich habe mir diese Stelle mit einem kleinen Klebepunkt markiert.

Bei mir ist es so, dass ich meinen Blick auf einen Punkt unter der Kamera, also in der Mitte der schmalen Umrandung meines Bildschirms, fixieren muss, um das Gefühl zu erzeugen, dass ich direkt in die Kamera schaue. Dies ist aber bei jeder externen Kamera unterschiedlich und sollte in Ruhe ausgetestet werden.

▪ Ich empfehle jedem vor dem ersten Videoeinsatz ein paar Testaufnahmen zu machen, um herauszufinden, welches die **Schokoladenseite** des Gesichts für eine Videoaufnahme ist. Jeder Mensch hat nämlich zwei unterschiedliche Gesichtshälften und eine davon ist die „schönere". Um diese herauszufinden, filmen wir uns einfach einmal von schräg links vorne und einmal von schräg rechts vorne. Es ist ja nicht notwendig, dass wir zwangsläufig immer frontal in die Kamera schauen müssen. Wenn eine der schräg aufgenommenen Gesichtsseiten besser aussieht als unsere Frontalansicht, dann kann ich mich in Zukunft leicht schräg zur Kamera setzen.

▪ Es sollte nachgedacht werden, ob es Sinn macht, ein Bild als **Videohintergrund** zu nutzen. Bei Videokonferenzsoftware wie „Zoom" ist es sogar möglich, ein kurzes Video als Hintergrund zu wählen. Sollten wir so etwas in Betracht ziehen, ist es wichtig, einen Hintergrund auszuwählen, der auch zum entsprechenden Anlass der Videosession passt. Es gibt Software wie „Snapchat", die zusätzlich über Filterfunktionen unser Erscheinungsbild verändern kann.

12.2.5 Wirkung vor der Kamera

Viele Menschen fühlen sich anfangs nicht wohl vor der Kamera, sind entsetzt, wie ihre Stimme klingt oder wie sie optisch rüberkommen, wenn sie sich das erste Mal in einer Videoaufnahme selber sehen und hören. Aber wie bei allem im Leben ist es auch hier: Übung macht den Meister. Je öfter wir vor der Kamera agieren, desto selbstverständlicher wird dies für uns.

Eines sollten wir uns merken: Der Inhalt, den ich vermitteln will, ist wichtiger als ich selbst. Das bedeutet, dass es eigentlich egal ist, wie die Haare liegen oder dass ich nicht den perfekten Hintergrund und eine tolle Beleuchtung habe. Irgendwas gibt es immer, das nicht passt.

Wenn ich eine Videoschulung mache, gucken die Teilnehmer nicht wegen mir zu, sondern wegen der Inhalte, die sie lernen wollen. Aber für alle, die es doch besser machen wollen, anbei ein paar Tipps & Tricks für einen effektiveren Videoauftritt.

Verhalten und Styling

▪ Wir sollten versuchen, **langsam** zu reden. Dies gibt uns etwas Zeit, uns auf die nächsten Gedanken und deren Formulierung zu konzentrieren.

▪ Das von uns Gesagte mit **Gesten** zu unterstützen, macht unsere Session lebendiger. Es sollte jedoch nicht zu viel und zu hektisch mit den Händen und Armen herumgefuchtelt werden, da sonst ein Gesamteindruck von Hektik oder Unsicherheit entsteht.

▪ Es empfiehlt sich auch, immer einen **Kamm** oder eine **Bürste** griffbereit zu haben, um mal schnell die Haare richten zu können. Außerdem sollten diese nicht glänzen, also gewaschen sein.

- Es empfiehlt sich, vor dem Video **farblosen Gesichtspuder** mit einem Puderpinsel aufzutragen. Auch wenn die LED-Strahler kaum Wärme abgeben, kann es ganz schön anstrengend sein, sich längere Zeit „in Position" vor der Kamera zu halten und sich dabei auf den Text und die Aussprache zu konzentrieren. Leichtes Transpirieren ist da nicht ausgeschlossen, und das Erste, was dann zu glänzen beginnt, ist das Gesicht. Dies fällt umso stärker auf, je mehr Scheinwerfer wir verwenden, da sich das Licht in den feuchten Stellen im Gesicht unangenehm spiegelt. Also schaden ein paar Striche mit dem Puderpinsel im Gesicht nicht. Der Puder wird einfach mit dem Puderpinsel durch zwei der drei Striche zuerst quer über die Stirn und dann mit ein bis zwei Strichen über den Nasenrücken verteilt („T"-förmig).

- Vor jedem Videodreh machen wir eine kurze **Probeaufnahme** und betrachten diese dann auf einem großen Monitor. Da fallen Styling-Schwächen besser auf.

Kleidung

Die Auswahl der Oberbekleidung wirkt sich auf das gesamte Videobild aus. Daher ist es wichtig zu überlegen, was wir zu einer Videosession anziehen wollen. Nicht alles, was „in Echt" gut aussieht, hat dieselbe Wirkung vor der Kamera.

- Die Kleidung sollte in erster Linie **bequem** sein. Wenn man sich darin nicht wohlfühlt, strahlt man das unbewusst aus.

- Die Kleidung sollte dem **Anlass** angemessen sein. In Unterhemd und Jogginghose an einem Managermeeting teilzunehmen, kommt weder im realen Leben noch virtuell gut an.

- Kleidung sollte **gebügelt** sein. Kleine Falten fallen zuerst nicht auf, aber vor der Kamera werden die Falten durch den Schattenwurf der Beleuchtung deutlich sichtbar.

- **Einfarbige, dezente Oberkleidung** unterstreicht das Gesicht. Bunte Kleidung lenkt stark ab. Bei einfarbigen Oberteilen sollten jedoch keine zu knalligen Farben genutzt werden. Starke Farben wie beispielsweise Rot strahlen auf weißen Flächen einen rosa Schimmer aus. Bei der Videoaufnahme wird der Kontrast nämlich verstärkt. Daher sollten auch keine rein schwarzen oder rein weißen Kleidungsstücke getragen werden. Zu dunkle Kleidung macht außerdem den Hautton des Sprechers blasser.

- Ein absolutes „No-Go" sind funkelnde oder blitzende Kleidungsstücke.

■ 12.3 Remote Events

12.3.1 Das virtuelle Team-Büro

Im Jahr 2019 und 2020 arbeitete ich mit mehreren Scrum Teams von „systemrelevanten" Kunden zusammen. Diese durften aufgrund der Corona-Pandemie über Monate nicht in ihre Teambüros, sondern mussten von zu Hause aus arbeiten.

Mit der Zeit kam dann in Retrospektiven immer wieder ein Thema zur Sprache: Die Teammitglieder litten sehr darunter, dass sie sich nicht wie früher alle in einem Raum versammeln konnten, um dort gemeinsam zu arbeiten, einfach mal über den Tisch rufen zu können, wenn sie eine Information benötigten, oder gemeinsam Smalltalk zu halten. Wir hatten zwar regelmäßig unsere Scrum Events per Videokonferenz, aber dies reichte einfach nicht aus. Das „Wir-Gefühl" des Teams litt sehr stark unter der isolierten Arbeitsweise.

Daher habe ich dann das „virtuelle Büro" eingeführt. Da meine Kunden alle Firmenaccounts („SSO-Zugänge") zur Software „Wire" hatten, habe ich diese genutzt, um eine geschlossene Wire-Gruppe einzurichten. Wir vereinbarten eine „Kernzeit" für alle Arbeitstage im Sprint von 09:00 – 12:00 Uhr und 13:00 – 16:00 Uhr. In dieser Zeit schaltete sich jedes Teammitglied per Video zu, außer es waren Arbeiten zu erledigen, die bewusst ungestört und alleine durchgeführt werden sollten.

So machte jeder seine Arbeit wie bisher vom Home-Office aus, aber durch den visuellen Kontakt hatte jeder die Möglichkeit, seine Teamkollegen bei Bedarf direkt anzusprechen. Unsere Scrum Events liefen dann auch in diesem virtuellen Büro ab.

12.3.2 Organisation von Remote Sessions

Die Teilnehmer sollten zeitgerecht zu den Remotekonferenzen eingeladen werden. In Scrum ist es üblich, gleiche Events immer zur selben Zeit, am selben Ort zu veranstalten. Das Team sollte nach einer gewissen Zeit auch ohne Kalender wissen, wann welche Scrum Meetings stattfinden. Daher macht es Sinn, gleich eine Einladungsserie für die gesamte Projektlaufzeit zu erstellen.

In die Einladung schreibe ich immer das Ziel der Veranstaltung. Auch der Link zur Videosession und eine Einwahltelefonnummer sollten nicht fehlen. Wird die Einladung an einen Teilnehmerkreis versendet, der nicht zum Scrum Team gehört, wie beispielsweise bei einem Sprint Review die eingeladenen Stakeholder, ist es wichtig, immer noch ein paar zusätzliche Worte zu schreiben und hervorzuheben, welche Vorteile die Besucher haben, wenn sie das Meeting besuchen.

12.3.3 Technik für Remote Sessions vorbereiten

Steht nun unsere eigene Video- und Audiotechnik (Abschnitt 12.2.2), geht es daran, diese für unsere Events vorzubereiten. Dazu starte ich vorab meine Master-Videosession auf meinem Laptop.

Dann wähle ich mich noch mal zusätzlich als Teilnehmer von meinem iPad aus ein, aber ohne Kamerafunktion und ohne Audio. Hierfür nutze ich den Anzeigenamen „White Board". Wenn ich dann während der Videosession etwas mittels einer selbst erstellten Grafik erklären möchte, starte ich auf dem iPad meine Zeichensoftware, mache sie für alle Teilnehmer sichtbar („Sharing") und kann dann mit dem „Apple Pencil" direkt auf dem iPad zeichnen und schreiben, was alle Teilnehmer dann „live" sehen können. Das ist dann eine sehr komfortable „White-Board-Funktion".

Als Alternative habe ich auch die Möglichkeit, vorher eine zweite Kamera aufzustellen und diese auf mein Flipchart zu richten, um dort dann zu zeichnen. Für diese Möglichkeit habe ich ein altes Mobiltelefon auf ein Stativ montiert und es vor meinem Flipchart platziert. Somit kann ich bei Bedarf von der Hauptkamera auf die Flipchart-Cam umschalten, aufstehen und mit meinen Stiften auf Papier zeichnen.

Die elektronische Variante per iPad hat jedoch den Vorteil, dass ich einen Screenshot der Zeichnungen sofort als PDF-Dokument oder Grafik an die Teilnehmer versenden kann. Das Flipchart müsste ich dafür erst Blatt für Blatt abfotografieren. Auf dem Flipchart hingegen habe ich mehr Freiheiten beim Zeichnen und eine größere Fläche als auf dem elektronischen Medium.

Vor der Videosession sollte die Beleuchtung stehen und alle technischen Geräte einwandfrei funktionieren. Wenn wir uns dann auf den Inhalt konzentrieren, benötigen wir tadellos funktionierendes Equipment, das uns nicht aus dem Redefluss bringt.

12.3.4 Scrum Events und Workshops

Neben Videokonferenzen und Videoschulungen ist eines der Hauptanwendungsgebiete des „Remote Scrum Masters" das Abhalten von Scrum Events.

Daily Scrum

Unser „Daily Scrum" findet an jedem Arbeitstag im Sprint, meistens vormittags und immer zur selben Zeit, statt. Die Time-Box ist mit 15 Minuten festgelegt und es handelt sich dabei um ein reines Statusmeeting. Wenn ich mit meinem Team im selben Raum sitze und wir uns jeden Tag sehen, dann bestehe ich auf der Einhaltung des vorgegebenen Zeitslots. Aber in Zeiten, in denen sich die Teams meistens remote treffen, habe ich mir angewöhnt, das 15-Minuten-Fenster nicht zu strikt einzuhalten. Ich mache immer ein paar Minuten „Smalltalk" und auch nach dem Event, vor Beendigung der Videosession, frage ich immer, wie es den Teilnehmern geht und ob sie noch Probleme oder andere Themen haben. Ich möchte, dass sie sich abgeholt fühlen.

Die meistens Scrum Teams verwalten ihre Backlogs in einer Software wie Jira, Redmine oder Trello. Es empfiehlt sich daher, das Sprint-Board mit der Übersicht der aktuellen User Storys und Arbeitspakete geöffnet zu haben, um diese Ansicht bei Bedarf mit allen Teilnehmern des Remote-Events teilen („sharen") zu können.

Ich leiste mir auch den Luxus, mit einer zweiten Session, ohne Ton und Video, angemeldet zu sein und über diese das „Sharing" durchführen zu können. Das hat den Vorteil, dass ich meinen „Kommando-Screen", über den ich die komplette Videosession steuere, nicht verändern muss und weiterhin das gesamte Geschehen im Blick habe.

Retrospektive

In einer Retrospektive passiert viel Interaktion. Themen werden von den Teilnehmern auf Klebezettel geschrieben, diese dann vorgestellt und auf eine Wand geklebt, geclustert und gemeinsam priorisiert. Es werden Vorgehensweisen für die am höchsten priorisierten Themen vereinbart und diese auch noch dokumentiert.

Das alles „digital" abzubilden, ist durchaus möglich. Dazu nutze ich zusätzlich zur Videokonferenz per „Zoom" das kostenlose Online-Tool „Easyretro (ehemals Funretro)". Hier kann der Scrum Master ein virtuelles Board mit selbstbenannten Spalten einrichten und den Link als Einladung versenden. Alle Teilnehmer können dann virtuelle Kärtchen mit ihren Themen erstellen und diese zwischen den Spalten herumschieben und sogar clustern.

Es gibt noch einige weitere sehr praktische Features. Die Karten der anderen Teilnehmer können unscharf geschalten werden, sodass sich die Teammitglieder nicht gegenseitig beeinflussen, wenn sie die Karten der anderen lesen. Außerdem kann eine bestimmte Anzahl virtueller Punkte vom Moderator freigegeben werden, die jeder für das Voting der „dringendsten Themen" nutzen darf.

Die kostenlose Version erlaubt es, bis zu drei Boards gleichzeitig anzulegen. Ich nutze das Board auch für andere Veranstaltungen wie Vision-Workshops.

12.3.5 Agile Spiele

Videokonferenzen haben einen Teil der persönlichen Gespräche ersetzt, vor allem in Krisenzeiten wie während der Corona-Pandemie. Diese Art der Kommunikation macht jedoch schnell müde. Wissenschaftler sprechen bereits vom neuen psychologischen Krankheitsbild „Zoom Fatigue", bezogen auf die Videokommunikationssoftware „Zoom".

Wenn wir von Angesicht zu Angesicht sprechen, stehen uns viele unbewusste Eindrücke zur Verfügung, die bei Videochats verloren gehen: die Körpersprache des Gegenübers, das Licht, die Atmosphäre und der Geruch des Raums. Bei einer Videokonferenz fehlen diese Eindrücke und einige Punkte ändern sich im Gegensatz zum „echten" Gespräch:

- Die Teilnehmer achten eher darauf, ob ihnen der Gesprächspartner sympathisch ist. Von Angesicht zu Angesicht waren ihnen die Argumente wichtiger als die Sympathie.

- Bei Vorstellungsrunden bekommen wir einen besseren Eindruck der Person, wenn wir sie persönlich sehen und hören. Dies ist bei Videomeetings nicht gegeben.

Da die unbewusst-persönliche Seite der Gesprächspartner also wegfällt, ist es für uns als Moderatoren und Organisatoren eines Video-Events umso wichtiger, darauf zu achten, dass die Aufmerksamkeit der Teilnehmer während der gesamten Session erhalten bleibt.

Dazu nutze ich verschiedene „Agile Spiele". Nicht jedes ist dabei online nutzbar, aber ich stelle hier ein paar vor, die ich gerne und oft einsetze, wenn es situativ passt.

Eisbrecher

In diese Kategorie gehören Aktivitäten, um die Teilnehmer „auftauen" zu lassen und sie zu animieren, in ein gemeinsames Gespräch zu kommen.

- **Meine Schuhe:** Ich bitte jeden der Teilnehmer, bereits in der Einladung zum Event vor dem Start ein Foto seiner Schuhe zu machen. Am Anfang der Veranstaltung bitte ich dann jeden, sein Foto auf eine virtuelle Pinnwand hochzuladen. Nun muss erraten werden, wer welche Schuhe trägt. Danach erzählt jeder, der will, bei welcher Gelegenheit er zum ersten Mal diese Schuhe getragen hat.

- **Mein Emoji:** Alle Teilnehmer sollen sich ein Emoji aussuchen, das gerade ihre Stimmung darstellt, und dieses auf ein Kommando des Scrum Masters im Chat posten. Danach erklärt jeder, was hinter der Wahl seines Emojis steckt.

- **Mein Schlüsselbund:** Die Teilnehmer zeigen ihren Schlüsselbund und erzählen, was jeder Schlüssel oder Anhänger darauf für eine Bedeutung hat.

- **Meine Interessen:** Jeder Teilnehmer deckt seine Kamera mit einem Post-it ab und ein Teilnehmer erzählt etwas über sich (z. B. „Ich spiele Gitarre" oder „Ich habe eine Katze"). Nun sollen alle Teilnehmer, auf die diese Aussage ebenfalls zutrifft, ihr Post-it von der Kamera entfernen.

- **Aliens:** Aliens sind auf die Erde gekommen, sprechen aber unsere Sprache nicht. Daher erklärt jeder Teilnehmer seine Firma oder ein Produkt dieser Firma mit fünf grafischen Symbolen, die er auf einem Zettel aufzeichnet. Der Zettel wird dann in die Kamera gehalten und die Grafiken werden erklärt.

Energizer

Wenn ich merke, dass während einer Videokonferenz trotz ausreichender Pausen der eine oder andere Teilnehmer unkonzentriert wird oder müde erscheint, schiebe ich gerne ein Spiel ein, das den Anwesenden wieder etwas Energie geben soll, den sogenannten „Energizer".

- **Sound-Quiz:** Wir kleben alle ein Post-it auf unsere Videokamera. Nun wählt der Scrum Master einen Teilnehmer aus und veranlasst ihn per persönlichem Chat, ein Geräusch zu machen. Dieses kann mit dem Mund oder auch verschiedenen Hilfsmitteln erzeugt werden. Die anderen müssen nun raten, was dieses Geräusch darstellen soll.

- **Assoziationenwerfen:** Ein Teilnehmer wirft einem anderen virtuell etwas zu und nennt dabei den Gegenstand und den Namen des Empfängers, zum Beispiel „Ich werfe einen Schuh zu Peter". Dieser fängt den unsichtbaren Schuh mit seinen Händen und wirft nun einen Gegenstand, den er mit dem Schuh assoziiert, zu einem anderen Teilnehmer. Das könnte dann so klingen: „Ich werfe einen Schuhlöffel zu Susanne." Dies kann so lange gespielt werden, bis der Scrum Master das Gefühl hat, dass alle wieder einigermaßen aktiviert sind.

- **Fragen über Fragen:** Jeder Teilnehmer deckt seine Kamera mit einem Klebezettel ab. Der Scrum Master tätigt eine Aussage und die Teilnehmer, für die diese passt, entfernen ihren Klebezettel. Vor jeder Runde werden die Zettel wieder angebracht.

■ 12.4 Die Zukunft

Ich arbeite seit kurzem mit Virtual Reality (VR). Die Möglichkeiten, mit einem Team in einem künstlichen 3D-Raum zu arbeiten, sind schier unerschöpflich. Egal ob es um Diskussionen, Workshops oder Schulungen geht: Die Räume können nach eigenen Vorlieben gestaltet werden.

Ob wir nun unser Treffen in einer alten Bibliothek mit meterhohen Räumen, freischwebend im Weltall, in einem modernen New Yorker Loft, einer romantischen Skihütte mit flackerndem Kaminfeuer oder in einem Universitätslehrsaal abhalten, ist frei wählbar. Pinnwände mit Post-its, frei beschreibbare White Boards und viele weitere Utensilien machen es möglich, fast wie im „echten Leben" mit einem Team zu interagieren. Es können bereits Objekte aus der Realität mit 3D-Scannern abgetastet und als eigene Objekte in die Räume eingebracht werden.

Die Spieleindustrie hat die Entwicklung der benötigten Hardware, den VR-Brillen, so weit vorangetrieben, dass sie nun auch ohne Rechner genutzt werden können. In den Brillen ist neben hochsensiblen Sensoren und Kameras ein Computer von der Leistungsfähigkeit eines guten Laptops mit einer hochwertigen Grafikkarte verbaut. Die Software-Apps werden über WLAN in der Brille installiert. Diese sind ab 2021 endlich für einen breiten Markt erschwinglich und viele Softwareproduzenten haben bereits erkannt, dass der Business-Markt der nächste Schritt für VR ist.

Zur Drucklegung dieses Buchs arbeite ich mit den Teilnehmern meiner agilen Schulungen bereits in der Virtuellen Realität und ich merke, dass der Lerneffekt gegenüber einem videogestützten Training dem eines echten Classroom-Workshops sehr nahe kommt.

Aber es passiert gerade noch mehr und das klingt wie Science-Fiction:

Elon Musk arbeitet an seinem neuen Produkt, einem „Brain-Interface". Dazu wird eine Schnittstelle ins Gehirn eingebaut, die sich direkt mit dem Mobilnetztelefon verbinden kann. Noveto Systems präsentiert den Sound Beamer. Damit wird ohne Kopfhörer Schall ins Ohr transferiert, der nur für den Empfänger hörbar ist. Dagegen wirken die neuen Apple Glasses, Brillen, die Augmented Reality immer und überall nutzbar machen sollen, wie ein alter Schuh. Einen Schritt weiter geht da Samsung gerade mit dem Patent für Kontaktlinsen, welche die Anzeigen direkt auf das Auge transferieren.

Die Welt ist gerade wieder in einem technischen Umbruch und Krisen wie eine Corona-Pandemie treiben diesen weiter voran. Was bedeutet das nun für uns Scrum Master?

Ich denke, dass es nach wie vor noch „echte" Classroom-Trainings geben wird und Teams sich in Großraumbüros treffen werden. Jedoch sollten wir nicht den Zug der modernen Technik verpassen, früher oder später überrollt er uns sonst.

Eine Sache ist jedoch sicher: Je mehr wir technisiert werden, desto mehr sehnen sich die Menschen nach echten Begegnungen in der realen Welt. Und dafür sind wir Scrum Master genau die Richtigen. Ich persönlich denke: Es bleibt spannend!

13 Ressourcen zum Buch

■ 13.1 Downloads zum Buch

Lieber Leser, liebe Leserin,

ich würde mich sehr über ein kurzes Feedback zu meinem Buch freuen. Als kleines Dankeschön sende ich dir dann die folgenden drei Dateien zu:

- Die große Werteliste
- Das Agile Teamreifegradradar
- Den Scrum One-Pager

Wenn du also etwas in diesem Buch vermisst, lass es mich wissen. Auch Lob wird gerne von mir gelesen. ☺ Sende alles an diese E-Mail-Adresse:

SM2.0-Feedback@ihreveraenderung.de

Weitere Informationen zu den „Scrum Master 2.0"-Themen, sowie der kompletten „Scrum Master 2.0-Ausbildung" sind im Internet unter

www.scrummasterzweipunktnull.de

zu finden

■ 13.2 Leseempfehlungen

Scrum:	*„Scrum kurz & gut"* von Carsten Sahling, Holger Koschek und Rolf Dräther
	„Software in dreißig Tagen" von Jeff Sutherland und Ken Schwaber
Einladende Führung:	*„Inviting Leadership"* von Daniel Mezick und Mark Sheffield (EN)
Agile Führung:	*„Agiler führen: Einfache Maßnahmen für bessere Teamarbeit"* von Svenja Hofert
Agile Organisation:	*„Die agile Organisation – Wo anfangen?"* von Andreas Slogar
Coachingfragen:	*„Fragen können wie Küsse schmecken"* von Carmen Kindl-Beilfuß
Kommunikation:	*„Miteinander reden"*; Band 1 – 4, von Friedemann Schulz von Thun
Grafiken und Visualisierung:	*„Der Flipchart-Coach"* von Axel Rachow
	„Ad Hoc Visualisieren" von Malte von Tiesenhausen

■ 13.3 Scrum Tools & Ressourcen (Links)

- Der Scrum Guide: *https://www.scrumguides.org/*
- Das Agile Manifest: *https://agilemanifetso.org#*
- Human Motivators: *https://www.humansmatter.org/*
- Moving Motivators: *https://management30.com/*
- Management 3.0: *https://jurgenappelo.com/management-30/*
- Virtuelles E-Board: *https://easyretro.io/*
- Virtueller Raum für große Meetings: *https://www.wonder.me/*
- Planning Poker online 1: *https://www.scrumpoker-online.org/*
- Planning Poker online 2: *https://www.pointingpoker.com/*
- Arbeitsrecht für Arbeitsplätze: *https://www.baua.de/DE/Angebote/Rechtstexte-und-Technische-Regeln/Regelwerk/ASR/pdf/ASR-A1-2.pdf?__blob=publicationFile*
- Der Retromat: *https://retromat.org/*
- Das Pareto-Prinzip: *https://de.wikipedia.org/wiki/Paretoprinzip*
- Der Wolpertinger: *https://de.wikipedia.org/wiki/Wolpertinger*
- Europäische Coaching Vereinigung (ECA): *https://european-coaching-association.de/*

■ 13.4 Technisches Equipment, Video und Ton (Links)

- Kamera für Videokonferenzen und -aufzeichnung: *https://www.canon.de/cameras/eos-m50/specifications/*
- Passendes Weitwinkelobjektiv: *https://www.sigma-foto.de/objektive/16 mm-f14-dc-dn-contemporary/uebersicht/*
- Mikrofon Rhode Podcaster MK II: *http://de.rode.com/microphones/podcaster*
- Hardware, Kabel und Ähnliches: *https://Thomann.de*

■ 13.5 Material für Events (Links)

- Stifte für Teilnehmer: *https://edding.com*
- Stifte für den Moderator: *https://de.neuland.com*
- Klebezettel: *https://www.3mdeutschland.de/3M/de_DE/post-it-notes/*
- Time-Timer Uhren: *https://time-timer.de/*
- Gaffa-Tape: *https://www.thomann.de/de/stairville_gaffa_400bk.htm*

■ 13.6 Software (Links)

- Videokonferenzsoftware Zoom: *https://zoom.us/de-de/meetings.html*
- Filter-Plugins für Zoom: *https://snapcamera.snapchat.com/*
- Kollaborationssoftware Wire: *https://wire.com/de/*
- Kollaborationssoftware Miro: *https://miro.com/*
- Kollaborationssoftware Microsoft Teams: *https://www.microsoft.com/de-de/microsoft-365/microsoft-teams/download-app*
- Kollaborationssoftware Slack: *https://slack.com/intl/de-de/*
- Kollaborationssoftware Yammer: *https://www.microsoft.com/de-de/microsoft-365/yammer/yammer-overview*
- Videoaufzeichnung und -schnitt Screenflow: *https://www.telestream.net/screenflow/*
- Webcamtreiber für EOS M-50: *https://www.canon.de/cameras/eos-webcam-utility/*
- Ticketsystem Jira: *https://www.atlassian.com/software/jira*
- Dokumentationssoftware Confluence: *https://www.atlassian.com/software/confluence*
- Post-IT App: *https://www.post-it.com/3M/en_US/post-it/ideas/app/faq*

■ 13.7 Quellenangaben

[Snow2000]   *Snowden, Dave:* Cynefin, A Sense of Time and Place: An Ecological Approach to Sense Making and Learning in Formal and Informal Communities, University of Aston, July 2000

[Masl1954]   *Maslow, Abraham:* Motivation und Persönlichkeit, Harper & Row, April 1954

[Mate1987]   *Mateschitz, Dietrich:* Werbeslogan „Redbull verleiht Flügel", Redbull GmbH, 1987

[Hari1962]   *Haribo GmbH & Co. KG:* Werbeslogan, 1962

[Ritt1970]   *Ritter, Alfred:* Werbeslogan, Alfred Ritter GmbH, 1970

[Schulz1981]   *Schulz von Thun, Friedemann:* „Kommunikationsquadrat", Schulz von Thun Institut für Kommunikation, 1981

[TanSchm1958] *Tannenbaum, Rober, und Schmidt, Warren H.:* Das Führungskontinuum, 1958

Index